解码乡村振兴

深刻、实用、详尽、及时的
乡村振兴工作读本

中国市长协会小城市（镇）发展专业委员会
阡陌智库
城脉研究院

主编

中国农业出版社

北 京

图书在版编目（CIP）数据

解码乡村振兴/中国市长协会小城市（镇）发展专业委员会，阡陌智库，城脉研究院主编. —— 北京：中国农业出版社，2018.6（2023.3 重印）

ISBN 978-7-109-24028-5

Ⅰ．①解… Ⅱ．①中…②阡…③城… Ⅲ．①农村－社会主义建设－研究－中国 Ⅳ．①F320.3

中国版本图书馆CIP数据核字(2018)第067067号

中国农业出版社出版

（北京市朝阳区麦子店街18号楼）

（邮政编码 100125）

责任编辑　周益平 李海锋 张林芳

中农印务有限公司印刷　新华书店北京发行所发行

2018 年 6 月第 1 版　2023 年 3 月北京第 5 次印刷

开本：880mm×1230mm　1/32　印张：9.25

字数：250千字

定价：58.00元

（凡本版图书出现印刷、装订错误，请向出版社发行部调换）

编 委 会

目录

温铁军

　　1951年5月生于北京。"三农"概念首倡者，著名"三农"问题研究专家。曾任中国人民大学农业与农村发展学院院长、教授，乡村建设中心主任、可持续发展高等研究院执行院长、中国农村经济与金融研究中心主任。

　　温铁军教授十分注重调查研究，调研足迹遍及多个省市以及多个国家。先后承担很多国家重大、重点课题，担任国家、省部级多个重点项目首席专家。获得国务院授予的"政府特殊津贴专家"证书、农业部科技进步一等奖、CCTV年度经济人物奖、中国环境大使等称号。

乡村振兴下的"新"三农""战略（代序）

　　党的十九大报告提出"实施乡村振兴战略"。理解这一战略，须高度重视乡村社会变迁的时空条件与宏观背景。

　　任何关于乡土社会及其文化传承的研究要想言之成理，都不可能就事论事，而需把研究对象放置到一定的时间和空间条件之中。否则，按照与西方中心主义相辅相成的经济学、社会学、文化研究和人类学等学科规范所做的微观领域的计量分析、案例观察和白描式的跟踪记录，虽然对研究者有资料性价值（或许也有符合知识分子趣味的审美意义），但难以据此发现客观世界不同范畴之间的相关本质联系，也就难以进行理性分析，现实意义和政策价值也会因此打折扣。

一、国家战略调整的时空之维

时间与空间的变化，是中国重大发展战略变化的基本条件。一方面，从经济形势研究上看，宏观局面内部有时空条件转换；另一方面，乡土社会发生的影响深远的重大制度转变，都与国家不同阶段面对的主要矛盾有关。现在就连发展主义主流也开始强调乡土社会和传统文化的重要性，各地不论官方还是民间都在推进美丽乡村建设；过去几近破败的、被说成是应该消灭的乡村，也从过去"被资本遗忘的角落"，变成了可能吸纳过剩资本的"绿色经济"。

客观地看，大国缓解经济危机的手段往往是"空间换时间"——把过去冷落的投资领域重新找回来，用没有短期回报的战略性投资来拉动维持本国实体经济。中国遭遇第一次生产过剩的 1998 年即是如此：西部大开发、东北振兴、中部崛起等。2005 年又提出"建设社会主义新农村"增加农村基本建设投入的重大战略。一般而言，没有哪一个大规模投资达数万亿的国家战略能有短期回报、能有当期税收。诚然，这个"空间换时间"的条件在很多幅员狭窄的小国并不具备，当亚洲"四小龙"和"四小虎"被东亚金融风暴挫败时，未必一定非得从西方强调的制度优劣上找原因。

现在社会上的"乡村热"越烧越热，是因为城市人口结构发生了根本性改变，在个别城市（如杭州），超过一半户籍人口成为中等收入群体（或称中产阶级），城里人手中的过剩资本都想"组合投资"，但股市、房地产市场都充满风险，于是便产生了新乡村领域，这个领域有可能成为中产阶级的投资空间。

这个情况，欧洲早在20世纪70年代就开始了。第二次世界大战之后产业资本借助和平红利迅速扩张，很快就形成第二轮生产过剩，遂造成80年代产业资本外移到发展中国家，寻找"要素价格低谷"获取巨大机会收益，进而回流到西方，带动向金融资本经济的转型升级。与之同期发生的一个空间改变，就是中产阶级及其中小资本纷纷下乡，到20世纪90年代乡村中的农场60%以上已经变成市民农业。接着，就是中产阶级为主体的绿色运动和不可忽视的绿色政治。其客观结果是历史性的：由于欧洲主要国家大量吸纳就业的中小企业多数在乡村创办，遂形成了"莱茵模式"之下城乡融合的局面。

二、两次生产过剩危机下的农业发展

（一）第一次生产过剩危机与资本下乡造成的农业负外部性

在中国，很少有人讨论生产过剩危机。其实，早在1998年，中国就出现了第一轮生产过剩危机，该危机是1997年东亚金融风暴导致来年外需陡然下降造成的，是外部因素引发的生产过剩，属于"输入型"危机。

中国当年正处在产业资本扩张阶段，遭遇生产过剩的本质是产业资本过剩。所以，从1998年起，城市工商企业要求进入农业，政府适时配套政策就叫"农业产业化"——这是被西方教科书认定，却从没有在亚洲原住民社会的小农经济条件下落地的理论。结果是从城市产业资本过剩，直接演变为商品化程度越高的农业产品越是大量过剩。

我们不妨做个"穿越"比较。通过国际比较会发现，1929 年美国遭遇生产过剩大危机的同时，也是城市的工商业资本去推进农业领域的"福特主义"大生产时期，很快就导致 20 世纪 30 年代的美国农业过剩。同理，中国在 1998 年遭遇了城市工商业资本的产业过剩，接着政府鼓励工商业资本下乡推进大规模产业化的"盎格鲁－撒克逊模式"。在 1998 年以前农村是一个"被资本遗忘的角落"，但在国内产业资本找不到出路的时候，工商业资本迅速转向农村。其结果与美国工业生产过剩资本流向农业接着就发生农业过剩的道理一样，中国也是 20 世纪 90 年代末工业生产过剩，接着进入新世纪第一个十年，农业也出现相对比较全面的过剩。

资本化农业在世界上都被认为具有多重负外部性，主要有三：一是过剩，二是污染，三是破坏乡土社会稳定。农业过剩数据是中国农业大学原副校长李里特教授讲的，全世界 80% 的塑料大棚在中国，靠大搞设施农业以超采地下水、地表盐碱化为代价，生产了全球 67% 的蔬菜，人均蔬菜产量 500 多千克，远远超过《中国食物与营养发展纲要（2014—2020 年）》中规定的 140 千克。大量的过剩演变为大量城市垃圾无处填埋。中国水产养殖量占全球总量的 61.7%，猪肉量占全球总量的 49% ~ 51%，另外还养着 100 多亿只鸡鸭等禽类，可见中国养殖业的规模也是世界最大的。主要农产品只有粮食一项产量占世界的比重与人口比重是一致的，其他的都是过剩的。

那么，是什么方式造成农业过剩呢？工商业资本改造农业，当然包括农业全面化学化。所谓"化肥农药除草剂，家家都种卫生地"，就是这么造成的。这就带来农村因大量使用化学产品而导致的水、土、气等资源环境的严重污染。2006 年国务院发展研究中心已经有报告指出，我国农业污染已严重影响水体、土壤和大气的环境质量，且日益明显和突出于工业污染。2015 年农业部负责人提出中国农业资源环境遭受着外源性污染和内源性污染的双重压力，农业可持续发展遭遇瓶颈。我国农业已超过工业成为我国最大的面源污染产业，总体状况不容乐观。很多科研和投资集中于工业和城市污染，很少人去做农村污染研究，说白了是面源污染本属生产、生活方式造成的。因而，我们不能生搬硬套教科书理论，要善于从宏观到微观做分析，注意农业发展和乡村变迁的时空条件和宏观背景。

（二）第二次生产过剩与农业面临的新趋势

当前，中国遭遇的是第二轮生产过剩危机，而且仍然是"输入型"的。众所周知，2007 年美国次贷危机引发了 2008 年华尔街金融海啸，演化为 2009 年全球金融危机和 2010 年的欧债危机。全球需求随即大幅度下降又导致中国从 2011 年开始进入第二轮生产过剩。我把这个阶段变化叫做中国经济"去工业化"。同期发生的是各种资金争相流出实体产业而进入投机领域，从而加快金融资本化，促推房市泡沫化，反过来更对实体经济釜底抽薪。这就是今天"加工贸易型"的外资纷纷逃出中国、实体经济大部分不景气的根本原因。

2013 年新一届政府认识到经济下行期低增长是"新常态"。2014 年实体经济迅速下滑，到 2015 年大多数人接受"L"型经济的判断。这个时候，城市已经存在工商业资本过剩，中国政府还不得不对冲外部资金的大量流入而客观上推行宽松的货币政策，巨大的流动性压力使大小资本都在加速进入金融资本经济阶段，因而短短几年时间金融资本也过剩了。

这个时候的资本下乡虽然还是被政府大力推进着，但因为大部分资本已经遇到农业过剩的困境，由此和 90 年代后期的资本下乡、政府配合推行农业产业化不同，大批前车之鉴使投资者愈发谨慎起来。虽然主流还在浪漫主义地强调市场经济，但"市场看不见的手"却已经不大可能优化配置"绝对过剩的要素"。因为西方经济学理论的前提是确定在要素"相对稀缺"的条件下，市场这只看不见的手才可以发挥最佳的要素配置作用，没有这个条件，市场经济可能就会失灵。

我们以前讲"三农"问题时，提出的理论问题就很直白：为什么说"三农"衰败是宏观问题派生的？因为在农业领域中资本要素"绝对稀缺"的前提条件下，全国齐步走推行市场机制的结果，就是农业要素被外部市场定价，导致农村生产力三要素（土地、资金、劳动力）的绝对净流出。对此我们认为：没有任何经济领域在三要素净流出的条件下能够维持得住。后来，因为资本要素在"三农"领域的绝对稀缺，国家才启动新农村建设战略，大规模向"三农"投资，2005年以来已经投入了超过 8 万亿人民币（本文选取国家财政的农林水事务支出作为衡量国家财政对"三农"投入的指标，数据来源为各年度《中国统计年鉴》），每年都是国家财政的最大项开支。可见，只有国家坚持自主创新，才能应对经济学理论讨论不足的局面。任何理论，如果前提不对，则后来建立的所有模型和推导出来的结果就都不对。

时过境迁。20 世纪 90 年代之前的资本要素绝对稀缺，但现在大部分区县都已绝对过剩。因而，今天的情况是：中国农业但凡商品化程度高的产品（比如肉菜蛋奶）都出问题；很多产业化龙头企业年年亏损，要靠政府补贴才能维持；倒牛奶、菜烂在地里不收、橘子挂在树上不摘、养猪和种粮大户亏钱等现象屡见不鲜。生产端超量供给,消费端就超量浪费,能源和原材料大量进口,这样的生产与消费模式无法解决我们所面临的食物安全和环境安全等问题。

（三）生态文明要求的是城乡融合而不是城市取代乡村

对20年来的两次生产过剩引发的复杂矛盾需要辩证看待。因为,"旧的矛盾尚未解决新的矛盾便又发生"。原有的矛盾不可能停下来解决了再继续前进,只可能被前进之中新的矛盾替代。

在金融资本过剩的压力下,中等收入群体的自有资金相对充裕,总量很大。近年来先后被股市和房市的虚拟资本泡沫教训,不愿意再进入此类投机性市场,其中很多人已经自觉下乡去寻找投资和创业机会。于是,各种多功能的市民农业、生态农园,如雨后春笋般出现了。

市民与农民的结合,也带来"互联网"农村经济的广泛开展。由于互联网经济内生着的公平分享机制,派生出了改善农村基层治理结构的内因。若结合历史可知,正是传统乡土社会维护最低成本治理的乡绅群体本来就有的多样性文化内涵,构成了国家向生态文明转型的基础。

与此同时,中央政府与时俱进提出重大战略调整,即生态文明理念与民生新政,并同期推出了一系列制度创新。包括:1999年以来国家促进区域再平衡战略,投资于西部开发、东北振兴和中部崛起;2002年以来城乡统筹、科学发展观、和谐社会理念相继确立;2005年以来国家促进城乡再平衡战略,推出新农村建设,县域经济成为投资领域;2007年以来国家确立生态文明理念,配套提出宏观调控、包容性可持续发展和2020年实现"两型农业";中央则把生态文明战

略作为国家五大战略之一，2012 年提出建设美丽中国；2013
年提出城镇化战略，同期提出"留住乡愁"和"美丽乡村"；
2014 年提出"新乡贤治理"；2015 年配合国家战略调整提出"生
态文明综合改革"，在农业发展政策上确立一、二、三产业
融合，并且国家形成贫富差别再平衡战略，承诺 2020 年消除
贫困等。综上所述，"三农"领域的调整无论是"两型农业"
目标、"新农村建设"、"美丽乡村"、"新乡贤治理"，
还是全面消除贫困，都是国家推进生态文明战略和相应制度
创新的内在组成部分。

可以看到，在全球危机挑战下，中国遭遇第二轮生产过
剩暴露出三大资本都过剩的困局，也借此，农业与农村经济
才能挣脱此前半个世纪仅被作为产业资本阶段的一种经济产
业的旧体制约束，可能得益于中产阶级"市民下乡"带动的
城乡融合。这个趋势若能成立，则因农业本身与自然多样性
紧密结合的特征而内在地具有生态环境保护和历史文化传承
的功能，由此，中国的"三农"发展客观上会成为国家生态
文明战略的主要载体。

三、产业化农业的规律约束与农业发展的新趋势

（一）世界农业三板块成因及中国产业化农业的规律约束

目前，我们农业经济学的教科书基本是西方的，多以美
国学者舒尔茨的资本主义条件下的理性小农假说为立论基础。
显然，这种至今未在发展中国家被验证过的假说，无法有效
解释世界的农业形势到底如何。根据我们的研究，应该将世
界上的农业经营分为三类：

第一类是前殖民地国家的大农场农业，即典型的"盎格

鲁－撒克逊模式"（因扩张到北美也称为"盎格鲁－美利坚模式"，还因这个扩张过程过于残暴而被称为"野蛮资本主义"）。现在很多人缺乏基本的时空概念，主张中国的农业现代化要走美国大农场的道路。但是，大农场农业是因为美洲和澳洲被彻底殖民化，造成资源规模化的客观条件而形成的，主要包括加拿大、美国、巴西、阿根廷、澳大利亚、新西兰等国家。而我国是世界上最大的原住民人口大国，亚洲是世界最大的原住民大陆，不具备搞大农场的客观条件。东亚的工业化国家，如日本、韩国都是单一民族的原住民国家，也都没有大农场。东亚的原住民社会不可能与殖民地条件下的大农场农业进行直接竞争，讲全球化竞争，但农业是不能加入全球竞争的，除非另辟蹊径。

第二类是前殖民主义宗主国的中小农场模式，即以欧盟为代表的"莱茵模式"。因为大量地向外溢出人口，在殖民化之后造成人地关系相对宽松，虽然形成中小农场，但也同样没有跟殖民化大陆的大农场进行竞争的条件。只要签订自由贸易协定，欧盟国家的农产品就普遍没有竞争力，农民收入就下降，农业自然也维持不下去。因此，欧洲对农业保护的要求非常强烈，设置了很多非贸易壁垒，绿色主义和绿党政治也在欧洲兴起。

第三类是以未被殖民化的原住民为主的小农经济，即"东亚模式"。东亚小农模式因人地关系高度紧张，因此唯有在国家战略目标之下的政府介入甚至干预，通过对农村人口全覆盖的普惠制的综合性合作社体系来实现社会资源资本化，才能维持"三农"的稳定。

但是，中国本来是东亚原住民国家，又不实行"东亚模式"，而试图效仿殖民化的"美澳大农场模式"，在原住民的小农经济资源环境有限的客观条件下，不可能去跟殖民地条件下的大农场竞争。如果不把这个问题搞清楚，在农业政策领域以及企业战略上就会犯根本错误。

当代农业现代化发展到今天，教训多多，我们遭遇到的农业产业化全面亏损的问题并非哪个地方哪个企业不努力，主要是四大经济规律不可逆的约束作用。

一是"要素再定价"规律。由于符合农村外部资本要求的、规范的土地流转占比很低，导致能够用于支付农业资本化的成本所必需的绝对地租总量并没有明显增加；同期，加快城市化造成农业生产力诸要素更多被城市市场重新定价，在这种"外部定价"作用下的农业二产化所能增加的收益有限，根本不可能支付已经过高且仍在城市三产带动下攀高的要素价格。于是，农村的资金和劳动力等基本要素必然大幅度净流出。农业劳动力被城市的二产、三产定价，农业企业家进入农业跟农民谈判，其提供的一产劳动力价格就不可能被农民接受。农业劳动力的老龄化表明其竞争力丧失殆尽。这个规律告诉我们，农业的基本生产要素（包括劳动力、土地等）现在已被其他产业定价了，无法再按照农业去定价，这就是现代农业的困境所在。农业产业化就失败在支付不起外部市场对农业要素确定的价格。

二是"资本深化"规律。只要推行农业产业化，就内涵性地体现着"资本增密排斥劳动"、同步带动农业物化成本不断增加的规律约束。如果孤注一掷地推行美国舒尔茨《改造传统农业》的理论，带来的相应后果则是：大部分过去在兼业化的综合性合作社，通过内部化处置外部性风险条件下还能产生附加值的经济作物、畜禽养殖，一旦交给产业资本开展大规模"二产化"的专业生产，就纷纷遭遇生产过剩；

单一品类生产规模越大，市场风险越高。如今，一方面是农业大宗产品过剩的情况比比皆是；另一方面则是在城市食品过分浪费的消费主义盛行情况下，大部分规模化的农业产业化龙头企业仍然几乎无盈利，中小型企业甚至债台高筑转化成银行坏账。

三是"市场失灵""政府失灵"规律。在政府重视招商引资和企业追求资本收益的体制下，外部主体进入农村领域开展的农业经营，一方面会因为与分散农户交易费用过大而难以通过谈判形成有效的契约，双方的违约成本转化为市场的制度成本。另一方面，大多数规模化农业都会造成"双重负外部性"——不仅带来水土资源污染和环境破坏，也带来食品质量安全问题。也正是因为实际上无人担责的"双重失灵"，使愈益显著的"双重负外部性"已经不断演化为严峻的社会安全成本。

四是"比较制度优势"规律。农业企业走出去之所以遭遇很多失败，究其原因，在于中国经验的意识形态化解读，致使在话语权和制度建构权等软实力领域目前尚难以占据比较优势。何况，很多地方政府亲资本政策加速企业原始积累阶段形成的企业文化，根本不适应国际市场上更多强调"社会企业"的主流趋势。走出去的企业家如果只会讲国内的主流意识形态，必然在海外遭遇尴尬。

因此，在目前资本全面过剩的条件下，我们要及时了解世界范围内的农业企业都在做什么改变，他们大都在强调改变过去的市场化发展模式，正在向综合化、社会化和生态化这一新的方向演进。这恐怕是解决中国农业问题的出路所在，需要我们给予足够的重视。

解码乡村振兴
JIEMA XIANGCUN ZHENXING

（二）世界正在变化：农业发展从 1.0 到 4.0 的升级转型

21 世纪之初，随着经济基础领域一系列广泛而深刻的变革，中国正经历着由小资主体社会向中资主导社会的巨大转型。突出表现为城乡二元结构之下的两大社会阶层的崛起——中产阶层和新工人群体。哪怕是对数据没印象的人也应该知道，中国已经产生了全球最大规模的中产阶级人口，占总人口近三成，比美国和欧洲的中产阶级人口加起来的总和还要多。

对于农村发展来说，这个群体是多面性的。从积极角度看，世界中产阶级的共性是既重视食品安全，又热衷资源环境保护和历史文化传承。而中国的中等收入者更是新时期愿意下乡进村、兴利除弊、促进城乡融合的社会群体。接着的问题是，主管部门和农业生产者是否有专门应对中产阶级崛起的治理调整或营销策略？若有，又是否了解中产阶级的需求？如果官方仍然偏重于追求产量目标，压低农产品价格指数以免发生通胀，生产产品也是以大路货为主，则在三大资本都过剩的压力下农业过剩的局面难以改观。

然而，有关政策跟不上国家生态文明战略，并不意味着中产阶级沦为"吃瓜群众"。近年来已经兴起了"市民下乡""农业进城"等民间行动。这种民间自发的城乡之间的双向互动不同于政府助力的资本下乡，因此大致还是良性的。下得去的条件是"搭便车"，因为这些年国家投资的新农村建设已经在农村基本上完成了"五通"，98% 以上的行政村通了路、电、水、宽带和电话，个别有条件的村又开展了"四化三清一气"和"四清四改四建"。这意味着乡村发展中小企业的基础设施条件具备。这时候市民下乡到村里照样通过网络进行微信群沟通和分散化的交易。这些东西慢慢会渗透进乡土社会，村民就可以"鸡犬之声相闻，微信群里往来"。

可见，国家大量基础建设投资所形成的搭便车机会，恰好把一个城市的中产阶级能够与村民之间共同参与的社会资源开发出来，这就有了农业 1.0 向 4.0 演化的条件。

在世界万年农业文明史上，农业从来不是"产业"，而是人类与自然界有机结合的生存文化。因殖民化产生的"盎格鲁－萨克逊模式"，只有在殖民化和奴隶制的条件下，才能将农业作为"第一产业"，而且这种农业 1.0 版只是作为现代化的基本形态，其实质主要还是通过土地规模化获取更多绝对地租，借以形成剩余价值，为工业化提供原始积累。由此，尽管美国的农业占 GDP 的比重不足 2%，却因其粮食产量足以影响全球粮食价格而在 21 世纪金融资本虚拟扩张阶段引申出另一个"农业 1.0 农业 3.0"的路径：立足于殖民化大农场，就有了"农业金融化"的方向，粮食期货市场的大幅度波动，就是金融化的一个现象。很多农业企业关注的 ABCD 四大跨国农业公司（美国 ADM、美国邦吉 Bunge、美国嘉吉 Cargill、法国路易达孚 Louis Dreyfus），它们的优势就在于直接获取最廉价的资金，立足于一产化的大农业直接进入金融化，即与一产化大农业紧密结合的金融化。这四大公司的收益，并不来源于大规模农业，而是来源于在资本市场上产生的投机性收益。而且，从 20 世纪 80 年代新自由主义问世以来，历经二十年的战略调整，美国跨国农业企业的收益早就不再以农业为主了，而是以金融投资收益为主。

那么，2.0 版农业现代化意味着什么？在产业资本阶段意味着用工业的生产方式改造农业，通常也叫做设施化、工厂化农业。中国现在则是农业产业化，亦即要在规模化和集约经营的基础上，拉长产业链，形成农业的增值收益。

二产化的农业应该叫农业 2.0 版的现代化。但这个农业 2.0 不仅在大多数国家面临亏损，而且在欧洲和日本，二产化农业因严重污染，造成对资源环境的严重破坏，因而正处在退出阶段。中国现在强调的农业产业化，很大部分的内容是指农业二产化，拉长产业链虽然可能产生一些收益，但即使在美国，这个收益能留在农民手里的一般不到 10%。在中国，农业产业链中农民得到的收益恐怕连 8% 都达不到。

二产化农业带来的直接后果是生产过剩。如前所述，中国农业大宗产品的产量很多一居世界第一且产品过剩。虽然农业 2.0 的二产化可以拉长产业链，产生收益，但农业劳动力的收入并不同步增长，农村存款来源不足，并没有产生现代经济发展所需的金融工具的条件，由此造成"三农"金融困境，难以被体现工具理性的金融改革化解。除此以外，农业二产化还对资源环境造成严重破坏，现在农业造成的面源污染大大超过工业和城市，是面源污染率最高的领域。

因此，已经进入农业的企业要注意培育非农领域的 3.0 版或称三产化农业的相关业务。如果只在农业领域发展，很难以现有的资源条件和现有的价格环境产生收益。何况，农业二产化并不是必然的，像北美、澳洲的农业就都是靠天然资源维持农业 1.0 的一产化，并不进入二产化，而是直接由 1.0、3.0 进入金融化。而欧盟、日韩则是 2.0、3.0 版的现代化，以设施农业为主的同时允许合作社开展包括三产在内的多元化经济。中国农业的二产化也是设施化、工厂化，已经是世界最大的设施化农业国家，但中国在三产领域中的金融、保险、房地产、物流等领域都已经形成利益集团，除非国家给足了优惠政策促进合作社有组织地开展经营，否则分散小农很难涉足。

农业 3.0 版，是我们多年来提倡的以综合性农协为载体的三产化农业。因为三产的单位面积收益率一般都高于二产，由此而使农民得到三产化对劳动力和农村资源的"再定价"收益。比如，养生农业就会把空气、水、林木绿化等环境因素再定价，农家乐也会使被外部劳动力市场排斥的农村中老年妇女得到高于农业就业的收益。

近年来还有人借鉴日本提出的"农业六次产业"概念来解释农业的结构升级。其实早在 2006 年的中央 1 号文件中就强调了农业的多功能性，提出第三产业跟农业结合；2016 年的中央 1 号文件则明确了农业要一、二、三产融合的指导思想。

第三产业和小农经济直接结合在实践上虽有丰富经验，但也有政策障碍。我们二十几年的基层试验表明：因为第三产业的主要部门——金融、保险、流通等，自 20 世纪 90 年代以来就都被金融资本和商业资本控制，如果不采取日本综合农协为主的"东亚模式"，第三产业跟农业的结合就只能是旅游、养生、景观这些资源业态，所产生的综合收益不会很高。因此，靠 3.0 版的农业三产化来解决"三农"问题，农民得到的好处并不很大。

农业 4.0 版是我们在 21 世纪第二个十年提出的，现定为"社会化生态农业"。传统社会特别是亚洲这种原住民社会，农业从一万年前开始的时候就是多样化的原生农业；当代强调可持续发展，也应该是农业 3.0、4.0 构成有机结合的社会化生态农业体系。

（三）社会化生态农业

社会化生态农业一方面在手段上要借助互联网，互联网内在体现的是各阶层公平参与；另一方面在理念上要更强调社会化的、城乡合作互动的、生态化的农业。当然，"市民下乡、农业进城"越普遍，农业体现出中央倡导的生态文明战略的内容就越多。

中国的市长县长们是挡不住资本下乡的。但当前的地产资本进入乡村，需要重视与生态农业相结合。很多山区早就不种地了，退耕还林。林地作为优质的自然资源，有山系、水系，有利于地区生态血液系统的建立。乡村主张生态、自然，所以地产资本下乡要讲求"四洗三慢"，即新鲜空气洗肺、山溪清泉洗血、有机食物洗胃、乡土文化洗心，以及慢食、慢城、慢生活。所以地产资本要首先变成社会企业，把利润最大化隐藏在社会责任之中。

社会化生态农业怎么搞？首先可以搞立体循环农业。林地可以进行坡地养殖，建设活动围栏，养鸡，养羊，养牛，养猪。有机肥有了，有机质有了，就有沼气池了，生态农业的立体感有了，康养基地对人就是立体的了，这样对人类可持续发展就做了贡献。这就是资源节约型、环境友好型农业。

还可以做创意农业。创意农业是农业3.0版的最高层次，需要把农业文化纳入进来，需要"一懂两爱"（懂农业、爱农村、爱农民）的人来参与。但是，创意在哪里？创意在城市的市民那里。整个文创产业配合着农业，将会有大量的好作品出现。老农可以带着城里人DIY，自己动手做文创。农村的工匠怎么烧陶罐，怎么做木匠活，这都是农业的传统文化多样性。多样化的农村经济社会资源在这儿得到了复兴，也带动了更多市民下乡。市民下乡除了吃喝，还能学点木工，学做陶罐，不管大小，你都可以刻上你的名字，烧出来以后带回家去了，这是自己亲手做的。这是很好的文化农业。农业的文化传承功能是无价之宝，而这些在我们过去招商引资的二产化农业中都是没有的。

可以做体验农业。体验本身也是一种教育。比如，山区农业搞不了大规模，但可以在这儿搞小孩的活动，孩子来就是一家来。为啥愿意来呢？小孩现在写作文没题材，到这儿来，哪怕他揪条蚯蚓出来，回去都能写个作文。为啥来这儿？是因为家长放心，这儿地里没化肥农药，没有污染，孩子光着脚在地里踩没关系，不会受到伤害。这儿的食物也完全是有机的。所以家长愿意带着孩子来。

总之，只有推进农业的生态化，推进全社会参与，才叫社会化生态农业，才叫城乡融合。这样乡村振兴方能呼之欲出，自然形成。

而社会化生态农业本身又是中华文明传承之载体。这当然是个挑战，中国只有下功夫清理在百年激进现代化之中已经形成的各种阻碍，才能有应对挑战的自觉性。

（本文根据阡陌智库、城脉研究院对温铁军教授的专访，并结合其相关文章、观点综合整理而成，经温铁军教授授权后予以发表。）

第一章
综 述

乡村振兴，
民族伟大复兴的关键一役

乡村振兴，民族伟大复兴的关键一役

故乡，是中国人灵魂安放所在，乡村，是中华民族根脉所系。乡村兴则民族兴，乡村凋则国家弱。乡村振兴是中华民族复兴的应有之义，是大厦之基，是华屋之栋，标注着复兴的质量和成色。

改革开放四十年，中国发展冠绝全球，举世皆惊。物质极大丰富，城镇化率迅速攀升。百余年来强国富民的中国梦，第一次如此清晰。但一个不容回避的现实是，城乡二元结构积弊日显，中国的现代化发展，一定程度上是以牺牲农民利益为代价换取的。

低价农民工完成了工业流水线上的有序运转，服务着大都市灯红酒绿背后的吃喝拉撒；低价土地奠基了世界之冠的摩天大楼和星罗棋布的各类高新区、开发区；低价粮食，长期的工农业价格剪刀差，以至低到今天农民种田基本无利可图，大面积抛荒。农民开始用脚投票，带来了农村触目惊心的空心化和大量"三留守"（老人、妇女、儿童）人员。

"回不去的故乡"，成了越来越多城里人的悲鸣。

习近平总书记在党的十九大报告和中央农村工作会议中，一再强调农业农村农民问题是关系国计民生的根本性问题，必须始终把解决好"三农"问题作为全党工作重中之重；提出坚持农业农村优先发展，实施乡村振兴战略。大力推进乡村振兴，并将其提升到战略高度、写入党章，这是党中央着眼于全面建成小康社会、全面建设社会主义现代化国家作出的重大战略决策，是加快农业农村现代化，提升亿万农民获得幸福感，巩固党在农村的执政基础和实现中华民族伟大复兴的必然要求，为新时代农业农村改革发展指明了方向、明确了重点。

实现乡村产业兴旺、生态宜居、乡风文明、治理有效、生活富裕已经成为新的战略方向，新时代乡村振兴的集结号已经吹响，"三农"发展的新画卷即将迤逦展开。

一、实施乡村振兴战略的总要求

实施乡村振兴战略，要按照产业兴旺、生态宜居、乡风文明、治理有效、生活富裕的总要求，建立健全城乡融合发展体制机制和政策体系，加快推进农业农村现代化。

产业兴旺，就是要紧紧围绕促进产业发展，引导和推动更多资本、技术、人才等要素向农业农村流动，调动广大农民的积极性、创造性，形成现代农业产业体系，促进农村一、二、三产业融合发展，保持农业农村经济发展旺盛活力。

生态宜居，就是要加强农村资源环境保护，大力改善水、电、路、气、房讯等基础设施，统筹山、水、林、田、湖、草保护建设，保护好绿水青山和清新清净的田园风光。

乡风文明，就是要促进农村文化教育、医疗卫生等事业发展，推动移风易俗、文明进步，弘扬农耕文明和优良传统，使农民综合素质进一步提升，农村文明程度进一步提高。

治理有效，就是要加强和创新农村社会治理，加强基层民主和法治建设，弘扬社会正气、惩治违法行为，使农村更加和谐安定有序。

生活富裕，就是要让农民有持续稳定的收入来源，经济宽裕，生活便利，最终实现共同富裕。

在实践中，推进乡村振兴，必须把大力发展农村生产力放在首位，支持和鼓励农民就业创业，拓宽增收渠道；必须坚持城乡一体化发展，体现农业农村优先原则；必须遵循乡村发展规律，保留乡村特色风貌。

纵观乡村振兴战略的20字总要求，产业、生态、乡风、治理、生活，"五子"登科，协同推进，符合中央"五位一体"总体布局和"四个全面"战略布局的总要求。乡村振兴不仅是经济的振兴，也是生态的振兴、社会的振兴和文化教育科技的振兴。

二、牢牢把握优先发展和融合发展两大原则

在城乡二元结构明显的背景下，要促进农业农村现代化与国家现代化同步，特别要贯彻新发展理念，坚持农业农村优先发展和城乡融合发展。

（一）坚持农业农村优先发展，就是要发挥政府有形之手的作用，着力补国家现代化的短板。

1. 推动公共资源向农业农村优先配置。这是消除城乡之间基本公共服务存量差距的迫切需要，也是防止城乡之间基本公共服务出现增量差距的必然要求。经过多年努力，农村基本公共服务体系的"四梁八柱"已经搭建起来，实现了从"无"到"有"的历史性变革。目前主要问题在于公共服务领域的城乡差距仍然太大，农村公共服务的保障水平太低。应把从"有"到"好"作为主攻方向，继续推动城乡义务教育一体化发展、着力提高农村义务教育质量和便利性，完善城乡居民基本养老保险制度、着力增加农民基础养老金，完善统一的城乡居民基本医疗保险制度和大病保险制度、着力提高农民报销比例，统筹城乡社会救助体系、着力提高农村低保标准和覆盖面。加大农村道路、供水、供电、通讯等基础设施投入，加快农村生活垃圾、污水处理能力建设。

2. 提高农业支持保护政策的效能。最近两年，国家已开始着手调整完善农业支持保护政策，如实行棉花目标价格补贴试点、推行玉米"市场化收购＋生产者补贴"、推进农业"三项补贴"制度改革。今后我国农业支持保护政策的力度还应继续加大，关键是要调整政策的着力点。应突出竞争力指向，加大对农田水利、土地整治、农业科技、职业农民培训等的投入，促进农业降成本、提效率。还应突出绿色生态指向，加大对退耕还林、退耕还湿和退养还滩、节水灌溉、耕地地力保护、化肥和农药减量、农业废弃物回收、地下水超采和重金属污

染地区治理等的投入，促进农业可持续发展。

（二）坚持城乡融合发展，就是要发挥市场无形之手的作用，着力推进农业农村发展的质量变革、效率变革、动力变革

我国农业农村实现高质量发展，要求城乡资源配置合理化、城乡产业发展融合化。今后，解决好"三农"问题要借助城镇的力量，解决好城市的问题也要借助乡村的力量，城市与乡村应水乳交融、双向互动、互为依存。

1. 农村要对城镇的新需求作出灵敏反应

城镇居民对农产品量的需求已得到较好满足，但对农产品质的需求尚未得到很好满足；不仅要求农村提供充足、安全的物质产品，而且要求农村提供清洁的空气、洁净的水源、恬静的田园风光等生态产品，以及农耕文化、乡愁寄托等精神产品。捕捉这些新需求，应加快推进农业发展从增产导向转向提质导向，大力发展农村休闲旅游养老等新产业新业态。

2. 城镇要对农村的新需求作出灵敏反应

发展资源节约、环境友好型农业，迫切需要新型肥料和低毒高效农药；促进农业领域的"机器换人"、提高农业劳动生产率，迫切需要性价比高的农业机械，特别是适合丘陵山区和经济作物生产的小型农业机械；改善农村人居环境、提高农民生活品质，迫切需要新型建筑装饰材料、皮实耐用的垃圾和污水处理设备、经济适用的厨卫等家庭生活用品。捕捉这些新需求，应加快调整工业部门的技术结构和产品结构，提高"工业品下乡"的针对性和效率。

三、紧紧抓好"人、地、钱"三个关键

实施乡村振兴战略是一个系统工程，需要科学制定规划，核心是抓好"人、地、钱"三个关键。

（一）促进乡村人口占比下降、结构优化

2016 年我国乡村人口占比仍高达 42.65%，来自农村的城镇常住人口中相当部分还未完全融入就业和居住的城镇，总体而言我国仍处于"要富裕农民必须减少农民"的发展阶段，必须坚定不移推进以人为核心的新型城镇化，继续促进乡村人口进城和农业劳动力转移。

同时也要注意到，我国乡村人口进城和农业劳动力转移具有"精英移民"的特征，进城的人口和转移的劳动力在年龄、受教育程度、性别比例等方面明显优于留在农村的人口和劳动力。实现乡村振兴，必须在促进乡村人口占比下降的同时，注重优化乡村人口结构，提高乡村人力资本质量。要优化农业从业者结构，加快培养现代青年农场主、新型农业经营主体带头人、农业职业经理人。既要重视从目前仍在农村的青年人中发现和培养新型职业农民，也要重视引导部分有意愿的农民工返乡、从农村走出来的大学生回乡、在城市中成长的各类人才下乡，将现代科技、生产方式和经营模式引入农业农村。加快培养造就一支懂农业、爱农村、爱农民的"三农"工作队伍，全面提高农村地区国家公务员、科技人员、教师、医生等的能力和水平。

（二）加快建立乡村振兴的用地保障机制

1. 要以农业现代化为目标完善农村土地"三权分置"办法

随着承包户就业结构、收入结构乃至居住地的变化，"农一代"逐步退出、"农二代"不愿务农，以及城乡社会保障制度的健全，承包地的生计保障功能在下降、生产要素功能在彰显，应据此调整完善对集体所有权、农户承包权、土地经营权的赋权，防止土地撂荒、地租过快上涨。

2. 要完善农业设施用地管理政策

对农产品冷链、初加工、休闲采摘、仓储等设施用地，停车场、厕所、餐饮等配套用地，应实行更灵活和宽松的管理政策。

3. 要优化城乡建设用地布局

切实落实"将年度新增建设用地计划指标确定一定比例用于支持农村新产业新业态"的既有政策。审慎改进城乡建设用地增减挂钩和耕地占补平衡操作办法，为乡村振兴留出用地空间，不要急于把农村建设用地腾挪到城市、把欠发达地区建设用地腾挪到发达地区。

4. 要探索盘活农村闲置宅基地的有效途径

在不以买卖农村宅基地为出发点的前提下，积极探索有效利用农村闲置宅基地的具体办法。例如，农村集体经济组织可以将村庄整治、宅基地整理等节约出来的建设用地，以入股、联营等方式，发展乡村休闲旅游、养老等产业和农村三产融合项目。又如，农村集体经济组织可以通过出租、合作等方式，盘活利用空闲农房及宅基地。

（三）破除障碍，敢为人先。建立健全有利于各类资金向农业农村流动的体制机制

无论是实现"产业兴旺"还是"生态宜居"，都需要大量资金投入，应从财政、金融、社会资本等多个渠道筹集乡村振兴所需资金。

1. 要改革财政支农投入机制

一方面，要坚持把农业农村作为财政支出的优先领域，确保农业农村投入适度增加；另一方面，要把主要精力放在创新使用方式、提高支农效能上。要做好"整合""撬动"两篇文章。"整合"，就是要发挥规划的统筹引领作用，把各类涉农资金尽可能打捆使用，形成合力。"撬动"，就是要通过以奖代补、贴息、担保等方式，发挥财政资金的杠杆作用，引导金融和社会资本更多地投向农业农村。

2. 要加快农村金融创新

农村存款相当部分不能在农村转化为投资，通过金融机构的虹吸效应流向城市，是亟待解决的现实问题。要从"建机制"和"建机构"双管齐下。"建机制"，就是要落实涉农贷款增量奖励政策，对涉农

业务达到一定比例的金融机构实行差别化监管和考核办法，适当下放县域分支机构业务审批权限，解决投放"三农"贷款积极性不足的问题。"建机构"，就是要优化村镇银行设立模式、提高县市覆盖面，开展农民合作社内部信用合作，支持现有大型金融机构增加县域网点，解决投放"三农"贷款市场主体不足的问题。

3. 要鼓励和引导社会资本参与乡村振兴

鼓励社会资本到农村发展适合企业化经营的现代种养业、农业服务业、农产品加工业，以及休闲旅游养老等产业。创新利益联结机制，引导社会资本带动农民而不是替代农民。

乡村振兴，战略意义重大，任务繁重而迫切。但越是重要，越是急迫，越要细致周密做好顶层设计与系统规划，深入冷静评估破除制度障碍的挑战与预案。越是重要，越是急迫，越是要有破除制度障碍敢为人先的勇气与胆略。唯有勇气，才能破除积弊坚冰，唯有创新，才能觅得新途。

乡村振兴，是一场充满挑战的变革之役，是一场只许胜不许败的关键之役，也是一场蕴含着无数空间的机遇之役。

蓝图绘就，让我们风雨无阻，携手前行。

第二章
重磅访谈

黄东江

蒋晨明

路锦

李勇坚

魏后凯

魏后凯

　　魏后凯，中国社会科学院农村发展研究所所长、研究员，研究生院教授、博士生导师。兼任中国社会科学院城乡发展一体化智库常务副理事长，中国区域科学协会理事长，中国城郊经济研究会、中国林牧渔业经济学会会长，民政部、北京市等决策咨询委员，环境保护部环境影响评价专家咨询组和科技部转基因重大专项评估组成员，10多所大学兼职教授。

魏后凯：
"三块地"改革是乡村振兴的关键

　　十九大报告首次提出了"乡村振兴战略"，前不久闭幕的中央农村工作会议也对"乡村振兴战略"做了进一步部署。未来相当长一段时间，乡村振兴将成为中国经济发展、社会发展的重要议题。如何实现乡村振兴，是一个需要全方位探讨的课题。就乡村振兴战略中的若干问题，中国社会科学院农村发展研究所所长、研究员魏后凯接受了中国市长协会全媒体平台、阡陌智库、城脉研究院的专题访谈。以下为魏后凯访谈摘要。

要把农村这块短板补齐

党的十九大报告中两次提到了"乡村振兴战略"，并将它列为决胜全面建成小康社会需要坚定实施的七大战略之一。从现在到2020年，是全面建成小康社会决胜期。党的十八大以来，我国全面建成小康社会不断向纵深推进，但由于发展条件和能力的差异，也存在着不协调、不平衡问题。当前，农村还是全面建成小康社会的短板。决胜全面建成小康社会，重点是补齐农村这块短板。广大农村居民能否同步实现小康，事关全面建成小康社会的全局。实施乡村振兴战略，促进农村全面发展和繁荣，是决胜全面建成小康社会的重中之重。

还需要看到的是，我国是一个拥有近6亿农村常住人口、城乡区域差异较大的发展中大国。长期以来，在推进我国现代化建设的进程中，农业农村现代化始终是短板和薄弱环节。党的十九大对开启全面建设社会主义现代化国家新征程作出了重要部署。要全面建设社会主义现代化国家，必须尽快补齐农业现代化这块短板，弥补农村现代化这一薄弱环节，下大力气加快推进农业农村现代化，让广大农民充分分享现代化的成果。

习近平总书记在十九大报告中首次提出实施乡村振兴战略，在中央农村工作会议上又对如何实施乡村振兴战略进行了系统阐述，这彰显的是中国共产党人"不忘初心"的使命与情怀。

为中国人民谋幸福，为中华民族谋复兴，是中国共产党人的初心和使命。在中国革命、建设和改革开放各个时期，广大的农民、广阔的农村都作出了巨大的贡献，与此同时，我们党在不同的历史阶段都在积极探索如何让农民过上幸福的生活，如何让农村变得更加美好。革命战争年代的土地革命是这样，社会主义建设时期是这样，改革开放时期也是这样，今天，中国特色社会主义进入了新时代，更应该是这样。

乡村振兴的源头可追溯到社会主义新农村建设。我们党自20世纪 50 年代起，就提出"建设社会主义新农村"，2005 年 10 月召开的十六届五中全会，在制定"十一五"规划时，提出要按照"生产发展、生活宽裕、乡风文明、村容整洁、管理民主"的要求推进新农村建设，这使新农村建设较之以往具有更深远的意义和更全面的要求。

十九大报告提出实施乡村振兴战略，是一个重大的理论创新。中国特色社会主义进入新时代，我国社会的主要矛盾已经转化为人民日益增长的美好生活需要和不平衡不充分的发展之间的矛盾。谈到发展不平衡不充分，城乡之间的不平衡就是最大的不平衡，农村发展的不充分就是最大的不充分。因此，实施乡村振兴战略称得上是社会主义新农村建设在新时代条件下的升级版。破解新时代的新矛盾，首先要把农村这块短板补齐，这样才能为实现"两个一百年"奋斗目标奠定坚实基础。

从新农村建设到乡村振兴

乡村振兴战略是社会主义新农村建设的升级版。

党的十六届五中全会提出了建设社会主义新农村，强调要按照"生产发展、生活宽裕、乡风文明、村容整洁、管理民主"的要求，扎实稳步地加以推进。党的十九大提出的乡村振兴战略，强调要坚持农业农村优先发展，按照产业兴旺、生态宜居、乡风文明、治理有效、生活富裕的总要求，建立健全城乡融合发展体制机制和政策体系，加快推进农业农村现代化。同样是 20 个字的要求，但有四个方面已经根据新情况进行了调整，更好地体现了中国特色社会主义的新时代特征和全面建成小康社会的基本要求。作为一个重要的战略原则，坚持农业农村优先发展，就是要求我们要始终把解决好"三农"问题作为全党工作重中之重，加快推进农业农村现代化。

乡村振兴的内涵十分丰富，既包括经济、社会和文化振兴，又包括治理体系创新和生态文明进步，是一个全面振兴的综合概念。乡村振兴的关键和重点是产业振兴。因为只有农村产业振兴了，才有可能创造出更多的就业机会和岗位，为农民增收和农村富裕拓展持续稳定的渠道。加快振兴农村产业，首先，要在确保国家粮食安全的前提下，加快农业供给侧结构性改革，构建现代农业产业体系、生产体系、经营体系，发展多种形式适度规模经营，培育新型农业经营主体，健全农业社会化服务体系，实现小农户和现代农业发展有机衔接，全面推进农业现代化的进程。其次，要充分挖掘和拓展农业的多维功能，促进农业产业链条延伸和农业与二三产业尤其是文化旅游产业的深度融合，大力发展农产品加工和农村新兴服务业，为农民持续稳定增收提供更加坚实的农村产业支撑。

实施乡村振兴战略需要有强大的科技和人才支撑。当前，农业科技投入不足，农业农村科技服务力量薄弱，农产品技术含量低，已经成为农业转型升级和乡村振兴的重要制约因素。我国农业研发经费投入强度不仅低于许多发展中国家的水平，更远低于主要发达国家 3% 至 6% 的水平。更重要的是，随着城镇化的快速推进，大批农村青年人不断向城镇迁移，农村人口老龄化和村庄"空心化"趋势日益严重。要全面振兴乡村，就必须充分发挥科技和人才的引领作用，进一步加大农业科技资金投入，整合各方面科技创新资源，完善国家农业科技创新体系、现代农业产业技术体系和农业农村科技推广服务体系，依靠科技创新激发农业农村发展新活力；同时，要激励更多优秀的城市人才下乡创业，支持和鼓励农民就业创业，加强农村干部、农民和新型主体培训，培养造就一支懂农业、爱农村、爱农民的"三农"工作队伍。

实施乡村振兴战略，还需要全面深化农村改革，全面激活市场、要素和主体，打通渠道，让广大农民最大程度地分享改革红利。首先，要巩固和完善农村基本经营制度，深化农村土地制度改革，完善承包地"三权"分置制度。党的十九大报告明确指出，保持土地承包关系稳定并长久不变，第二轮土地承包到期后再延长 30 年。这将有利于推进农业的规模化经营和可持续发展,也给农民吃下了一颗"定心丸"。其次,要深化农村集体产权制度改革,切实保障农民财产权益,不断壮大集体经济。此外,还要完善农业支持保护制度,调整农业补贴方式,增强补贴的指向性和精准性,提高农业补贴的效能;发展多种形式适度规模经营,培育新型农业经营主体,健全农业社会化服务体系,实现小农户和现代农业发展有机衔接。

党的十九大报告明确提出,中国特色社会主义进入新时代,我国社会主要矛盾已经转化为人民日益增长的美好生活需要和不平衡不充分的发展之间的矛盾。这是对新时代我国社会主要矛盾转化的重要科学判断,将对接下来的农村工作重心和政策措施产生深刻的影响。

在新的历史时期和发展阶段,新农村建设也需要转型升级。中央提出乡村振兴战略,目的在于推动高质量发展和农业农村现代化,以"产业兴旺、生态宜居、乡风文明、治理有效、生活富裕"为总要求,以全面深化农村改革为根本动力,实现乡村全面振兴和农业强、农村美、农民富。从新的 20 字总要求来看,这实际上就是新农村建设的升级版。但这不是小的改动,而是根本性转变,是根据社会主要矛盾改变作出的重大战略调整。

从新的 20 字总要求来看,乡风文明这一表述是从新农村建设继承下来的,可以看出政策的延续性。乡村振兴战略,不能独立地将其从几十年的农村建设中剥离开来,更不能把它看成是对新农村建设的取代,而是要在对新农村建设进行经验总结的基础上,根据时代发展的新情况,制定新的方略。

走乡村善治之路

十九大报告提出了乡村振兴的 20 字总要求,对比十六届五中全会上提出的关于新农村建设的 20 字方针,就不难发现,"治理有效"是针对过去的"管理民主"提出来的。在 2017 年底召开的中央农村

工作会议上，又明确提出"必须创新乡村治理体系，走乡村善治之路"，并把它作为中国特色社会主义乡村振兴道路的具体路径之一。

　　乡村振兴是一个大战略，是一个综合战略，是一项系统工程，从重塑城乡关系，走城乡融合发展之路，到打好精准脱贫攻坚战，走中国特色减贫之路，七个方面的振兴路径系统完备，环环相扣，而乡村治理在这个系统工程中的作用十分凸显，它是实现乡村振兴的重要保障和制度基础。不论是重塑城乡关系，还是巩固和完善农村基本经营制度；不论是深化农业供给侧结构性改革，还是促进绿色发展；不论是传承发展提升农耕文明，还是打好精准脱贫攻坚战：这些都离不开乡村治理，而乡村治理又必须充分发挥农民的主体地位作用。中国人多地少，农村人地矛盾突出，2015 年 0.02 平方千米以下的小规模农户占 96%，所以乡村治理必须立足国情特点，走中国特色的乡村善治之路。

　　近 20 年来，关于乡村治理，我国从理论层面和实践层面都进行了有益的探索。必须正视的是，除了理论上的探索需要深入推进外，在乡村治理的实践中，我们还存在一些亟待改进深化完善的问题，比如：乡村治理的顶层设计不完善，缺乏治理的针对性和有效性；乡镇债务沉重，公共产品供给不足，社会保障水平不高，导致城乡差距较大；乡村治理的体制机制不完善，各治理主体间的利益冲突加剧，群众参与不足；宗族势力对乡村治理干扰严重，影响了乡村的和谐稳定；农村"空心村""三留守"以及环境污染问题日益突出，等等。这都要求我们必须进行乡村治理体系的创新，否则，就会影响乡村的整体振兴，农村这块短板就会越来越短，就会拖现代化建设的后腿。

　　要弄懂乡村善治的含义，首先要弄清善治是怎么回事。善治这一概念早在中国古代社会就出现了，中国自古就重视善治。早在老子《道德经》第八章就提到"正善治"。汉代的董仲舒在《对贤良策》中又对善治二字进行了具体阐述。在中国传统的政治文化中，善治即等同于善政，主要是指好的政府和相应的好的治理手段。20 世纪 90 年代初，西方学术界出现了英文"good governance"新术语，后被翻译成"善治"。1992 年，世界银行在《治理与发展》报告中，为推行"善治"开出了四方药：公共部门管理、问责、法治、信息透明。

概言之，善治，就是良好的治理。实现乡村善治，要在以下几个方面着力：一定要坚持以人民为中心的理念，立足于实现公共利益的最大化，让广大农民的利益得到充分满足。民主法治是乡村善治的核心内涵，要全面推进并完善基层民主治理和依法治理，建立更加有效、充满活力的新型治理机制。要加强政府与乡村社会的互动和协同合作，强化信息公开和村民参与，真正让人民当家作主，推动形成多元共治的局面。要推进治理方式和手段的多元化，因地制宜探索各具特色的治理模式。

乡村振兴要紧紧抓住"人"

促进乡村振兴面临三大难题：人才短缺、资金缺乏、农民增收难。人才短缺的瓶颈直接制约着乡村的发展，也将影响乡村振兴战略的实施。如何解决农村的人才短缺问题？

第一，一定要把现有农村各级各类人才稳定好、利用好，要通过提高待遇、提供平台、优化环境等措施，充分发挥现有人才的作用，如镇村干部、种植养殖能手、专业技术人才、农民企业家等。第二，要提高广大农民的科学文化素质。有关统计显示，2015 年，全国乡村 6 岁及以上人口平均受教育年限只有 7.7 年，文盲人口占 15 岁及以上人口的比重达 8.6%，这显然不利于乡村振兴，要通过优先发展农业农村农民教育以及各种培训，提高广大农民的科学文化素质。第三，要吸收更多文化水平高的城市人口去农村创新创业。当然，让各类人才和有较高素质的人力资源流向农村，必须有良好的产业支撑。政府要通过顶层设计，充分挖掘农业的多维功能，大力发展现代高效农业，促进农村一、二、三产业深度融合，有了产业支撑，再加上转移支付等制度安排，各类人才就会慢慢聚集，一些人力资源就会向农村回流。

对于政府的财政补贴，通过规范程序、公开透明、村民参与和监督、纪检机关巡察等来加强监管。提高村干部待遇是大势所趋。提高待遇后怎么提高效能？应该通过建立科学合理的考评机制来解决，这个考评机制不能一刀切，要按照不同地区、不同岗位来进行考核，有一般性的标准，也要有特殊性标准。考评结果要与干部的收入和提拔挂钩。

随着乡村振兴大幕开启，城市资源将源源不断流向农村。对于政府的公共资源，要坚持农业农村优先发展的原则，公平、公正、公开地进行分配，要有详细的规划，要制定严格的标准，按制度进行。对于社会资源，政府要营造良好的环境，引导鼓励社会资本积极下乡。除了激励措施，还要有约束机制，要制定相应的规章制度，谨防各类主体打着乡村振兴的名义损害农民的利益，切实保护好农民的权益。

城乡之间要坚持相互开放，这是城乡间融合的前提。当前的难点在于城市的资本、技术、人才怎么进一步推动往农村去。

加快土地制度改革步伐

土地制度改革是一个很关键的问题，农村改革的核心是产权制度的改革。土地制度改革主要是"三块地"的改革。所谓"三块地"制度改革，是指农村土地征收、集体经营性建设用地入市和宅基地制度改革。当前，农业农村改革的主攻方向是以放活土地经营权为重点，创新农业经营体系，培育和发展新型经营主体，发展适度规模经营，努力提高农业劳动生产率和农业现代化水平。这一主攻方向，抓住了土地所有权、承包权、经营权这个最关键、最复杂、最积极的生产关系，能够带动农村其他改革攻坚突破。

虽然未来可能有越来越多的土地流转出去，但目前农民外出打工的收入并不稳定，所以还是应该有一部分土地留在农民家庭里，保障他们的基本生活。在土地流转过程中另外一个需要注意的问题是土地流转资金。近年来土地流转租金上涨很快，成为农民收入增长的一个来源，但土地租金提高也是目前农业成本上升过快的重要因素，包括水稻、小麦、玉米等农作物的成本都增长很快。我认为，土地租金过高将影响农业竞争力。

所以在推进农村改革、实施农业供给侧结构性改革时应注意增效降本。随着农村改革试验工作推进，各地区都要积极探索进城落户农民对土地承包权、宅基地使用权和集体收益分配权的依法自愿有偿退出机制。

土地流转过程中一定要尊重农民意愿，保护农民利益。有些人进城落户后，没有退出其在农村的土地。下一步要按照依法自愿有偿的原则，考虑解决这部分人宅基地、承包地退出的问题。这部分土地退出后，将有利于适度规模经营。然而目前状况是，这部分人的土地存在未退出的情况，实际流转的反而是留在农村的那部分人的土地。

对土地承包权有偿退出机制，应在土地确权颁证的基础上加快土地产权制度改革步伐，允许农民依法合规进行交易，这样的话可以把农村的资源变为资本，把资本变为可以抵押、变现的资金，把这部分土地流转出来。

在农村改革过程中，促进农民增收，缩小目前的城乡差距，实现城乡共同富裕是改革的最终目的。如果仅仅依靠农民外出打工的工资性收入，依靠城市产业支撑，那么这种增收模式将是不可持续的。从根本上解决农民增收问题，应该振兴农村的产业。只有农村产业振兴起来，有了竞争力，才可以创造更多的就业机会，为农民提供更多的收入来源，这样我们的农民、农村才是有希望的。

破解农民增收难的难题

近年来，虽然农村居民收入增长快于城市，城乡居民收入差距在不断缩小，但是应该看到，农民收入的增加主要不是靠农业农村，而是主要靠农民离开农业、离开农村到城里去打工，是依靠城市的产业支撑。比如2014—2016年，农民增收有46.7%是靠工资性收入，这里面有相当一部分是农民外出打工的工资性收入，外出打工实际上是依靠城市产业支撑，而农业、农村对农民增收的贡献很小。这期间，一产净收入对农民增收的贡献只有14.7%，财产净收入对农民增收的贡献只有2.6%。

显然，这种高度依赖城市产业支撑和农民外出打工的城市导向型农民增收模式是不可持续的。在这种模式下，虽然农民收入增加了，但由于农村没有坚实的产业支撑，缺乏足够的就业岗位，很容易造成农村的衰落和凋敝。从某种程度上讲，这种城市导向型的农民增收模式也是一种导致农村凋敝的农民增收模式，必须进行改变。

从根本上解决农民的增收问题，首先应该依靠新型城镇化大规模地减少农民，这是解决"三农"问题的根本途径。在此基础上，如何通过加快发展现代高效绿色农业、促进农村一、二、三产业融合和激活农村资源等多元化措施，建立一个农业农村导向型的农民持续增收长效机制，将是实施乡村振兴战略需要破解的难题所在。

要根本破解农民增收难的难题，关键是要建立一个可持续的农民稳定增收的长效机制。在这一长效机制中，农民增收的根本源泉是要靠农业、靠农村，靠乡村振兴，而不是靠农业、农村之外的城市产业的支撑，乡村振兴主要是靠农村产业的支撑。一是依靠发展现代高效绿色农业，来提高农业的生产效率，提高农业对农民增收的贡献；二是依靠农村一、二、三产业融合，包括纵向融合和横向融合，来促进农民的增收；三是要通过农村产权制度改革，把农村的资源激活，不断增加农民的财产性收入。

李勇坚

经济学博士，中国社会科学院财经战略研究院互联网经济研究室主任、研究员。主要研究方向为：服务经济增长理论、服务业生产率、互联网经济等。曾参与十余项国家重要课题研究工作，曾参与哈尔滨、海口等多个城市的服务业规划编制工作。

李勇坚：
互联网推进乡村振兴的若干问题

在乡村振兴战略下，互联网担负着重要使命。但如何使用互联网进行乡村振兴，互联网到底能解决哪些问题，中国社科院财经战略研究院互联网经济研究室主任、研究员李勇坚接受了城脉研究院、《解码乡村振兴》编辑部的专题访谈。以下为李勇坚访谈摘要。

政府利用互联网推进乡村振兴的四点建议

国家推出乡村振兴战略，互联网是一个必要的工具，各地政府想必也会十分重视互联网的应用，但并不是说用了互联网就万事大吉，在此向政府决策者提供 4 条建议：

一、首先要解决农产品电商"最前一公里"

近两年，很多农产品电商亏损比较大，因为农村电商作为一种新型方式，获客成本较高，要培养消费习惯。一方面，农村电商需要让农民养成上网习惯，让农民愿意在网上买；另一方面，要让消费者养成网上购买农产品的习惯。

关键的是，工业品下乡要解决的是"最后一公里"的问题，农产品做电商却恰好与之相反，要解决的是"最前一公里"，即整个农产品上网前的环节，这是全流程里面最复杂的、也是最烧钱的环节。

政府在政策层面，要重点支持打造农产品从田头到快递的"最前一公里"服务体系，重点支持交易规则、诚信体系、安全追溯体系、索赔机制、纠纷解决机制等方面的建设。

不要用工业品电商的思路来做农产品电商。农产品本身具有的特质，想要变成网销的产品，是个极其复杂的体系。政府应当借力于当前较为成熟的电商平台发力，致力于帮助农民生产适于网销的农产品。

想做好"最前一公里"，政府就要支持做好相应的配套设施，包括冷库等在内的基础设施，这对于农产品走向电商平台至关重要。农民由于多种原因，没有能力规模性地购置这些配套设施，就需要政府及时补上来。这是互联网平台解决不了的问题。

所以，以互联网的工具推进乡村振兴，政府第一位要解决的其实并不是互联网本身的问题，而是田间地头的"最前一公里"，这对于地方政府来说，要放在基础设施的高度上予以重视。

二、要树立品牌意识

农业电商，要有品牌意识才行，不是说拿农产品上网去卖，就叫"互联网＋"了。农产品的品牌意识，一是让消费者放心，政府要帮助农民解决农产品质量安全和质检问题，打出安全牌，这就需要政府、企业和农民三方联起手来，建立让消费者放心的质量保障体系。要使农产品的产品标准、包装标准、配送标准、质量标准进一步完善，为农产品网络销售打下良好的基础。例如，政府可以适当开放部分公共摄像头，让多方可以通过网络在线直播的形式，实时关注农产品的种植和生产情况，建设农产品质量保证平台。二是切实保障农产品的区域品牌价值，推广、保护本区域内的农业品牌，包括地理标志产品、绿色产品等。三是要有创意营销思维。通过学习、借助外脑等方式，打开视野，进行创意，让乡村变得有故事、让农产品变得有故事，这对于网络销售将起到重要的助推价值，而且也有利于提高产品利润。

三、应高度重视农业大数据

当前，现有农村电商模式主要有两种。一种是直接对接消费者，消费端做得很好，已经培养了一部分人在电商平台购买农产品的习惯；另一种是做生产端，力图解决"最前一公里"的问题。我认为，未来农产品电商要大发展，需要生产端与消费端的龙头企业结合起来。

现在某些农产品滞销的现象仍然比比皆是，这就说明生产过剩。这需要政府做好判断：如果是该农产品的产能绝对过剩，可以积极落实国家农业政策，做好土地修耕；如果是个别农产品区域性过剩，可以利用好大数据手段。例如控制生产端的各类数据，及时掌握当年种子、肥料、农机等数据，同时配合地区天气预报数据、遥感数据，做好气象数据的收集预测工作，就可以作出预测，对可能过剩的农产品市场进行预警，实施早期干预，减少丰产不丰收的现象发生。

从一般经济规律来看，对于某种农产品，市场的总需求量是相对固定的，如果有详细的数据维度可以指导农民生产，盲目种植的现象将大大减少。所以区域性过剩，通过互联网大数据是可以解决的。但这些数据的采集、共享与加工，都不是某一个区域能解决的，需要国家有关部门重视并予以推进。

四、利用互联网可推进乡村治理

互联网对于未来的乡村治理至关重要，可以起到重构乡村关系、传承农耕文化的功效。当地政府可以利用互联网，把乡村文化留存起来，有了文化才能有乡村治理的基础。一个乡村要做好文化，建议从"虚拟文化实体化，实体文化虚拟化"角度出发。"虚拟文化实体化"指的是，乡村的历史民俗等，需要通过图书、影视、画册等实体化工具呈现出来。"实体文化虚拟化"指的是，中国农村几千年来一直有着很好的道德基础，这需要我们将其通过互联网等现代手段，多元化传播出去。例如"孝"文化，可以让乡民拍摄一些发生在自己身边的孝道典型，贴近实际生活，起到传播教育的功效。在乡村治理中，文化是根，有了文化才能谈治理。

同时，互联网可以有效让城乡融合，打破城乡公共服务的差距。政府通过与互联网有关基础设施的建设与改造，让互联网文化、互联网公共服务、互联网医疗、互联网远程教育等都能在农村真正落地，打造农村文化生活的新氛围。

推进农村电商的战略建议

近年来，在中央高度重视的情况下，各类电商企业都加快了向农村地区拓展的步伐，农村电商发展加快。与此同时，在农村地区也集聚了一大批网商，带动了居民收入的提升和当地经济的发展。

在乡村振兴战略的背景下，农村电商成了香饽饽，但我们也应看到，在农村电子商务快速发展的同时，也面临着许多问题。

一是农村互联网普及率低，提升速度慢。目前全国农村网民数量虽然达到 2 亿多，但是占比低，增长速度慢；二是农村电商的渗透率仍然相对较低，农村网购消费与城市相比相差巨大。三是农产品电商平台创新能力不强，盈利能力较弱，难以持续发展。目前几万家网站中大部分都是一个模式，即农产品网上销售，创新能力不足，存在着重复建设的问题。正因为如此，数据显示，目前国内农产品电商只有1%能够盈利，7% 巨额亏损，88% 略亏，4% 持平。四是相关配套设施相对较差。比如农村物流，在可及性、可靠性、服务水平、速度等方面，与城市物流仍存在着较大差异，农产品的分级技术、包装技术、保鲜技术、储存能力、配送力量也参差不齐。

鉴于以上现实，当前，我国农村电商应在以下几个方面加大努力。

第一，农产品上行与工业品下行需同时发力

从农产品网络营销看，《全国农产品加工业与农村一、二、三产业融合发展规划（2016—2020年）》提出，到2020年，农产品电子商务交易额达到8 000亿元，年均增速保持在40%左右。为了实现这一目标，要通过电子商务来倒逼农产品生产的商品化、标准化与互联网化。要特别重视互联网在农产品生产中的作用，使农产品的产品标准、包装标准、配送标准、质量标准进一步完善，为农产品网络销售打下良好的基础。在政策层面，要重点支持打造农产品从田头到快递的"最前一公里"服务体系，重点支持交易规则、诚信体系、安全追溯体系、索赔机制、纠纷解决机制等方面的建设。

第二，加快推动农村各类服务互联网化

从农村消费市场看，农村地区的服务消费还远远低于城市地区。这一方面是与农村居民的收入水平较低、服务需求不旺有关，更重要的是，农村地区的各类服务供给不足，农民的各种服务需求难以满足。推动农村电商快速发展的一个重要方面，就是要推动农村各类服务互联网化。

第三，积极稳妥推动农资电商健康发展

农资电商的意义不仅仅在于利用电商优势，通过减少农资采购、种植服务、农产品加工和销售的中间环节，降低农业生产和农产品销售成本，更在于中间环节减少产生的附加利润可反哺农民，覆盖农民种地成本。与此同时，农资电商还可以与"三农"互联网金融、农业科技等融合，实现对"三农"的全方位服务。

第四，利用电子商务挖掘贫困地区的各类资源价值

在电商扶贫方面，国家诸多政策文件都有相关内容。近年来，国务院扶贫办等十六部委还联合发布了《关于促进电商精准扶贫的指导意见》，提出了电商精准扶贫的系列政策。在战略上，电商精准扶贫的关键是将贫困地区的各类资源（如生态资源、物产资源、产业资源、人力资源等）与电商紧密联系起来，借助电商的力量，将这些资源的潜在价值发挥出来。

"三农"互联网金融发展的现状

关于互联网金融，对于乡村振兴具有重大意义，目前我国"三农"的互联网金融发展现状如下。

一、关于农村征信体系

农村征信体系是"三农"互联网金融生态链的重要一环。当前，农村征信体系不健全，已成为制约"三农"互联网金融发展的一个重要壁垒。自 2002 年，人民银行建立的银行信贷登记咨询系统实现了全国联网运行。但是目前只有央行建立了一套征信系统，采集信息的来源主要是银行，远没有实现全覆盖，不少公民和组织仍处于无信用记录的状态。特别是农村地区，由于征信基础较弱，收集、整理、核准评估、查询农村信用信息比较困难，涉及征信的农村模式、农民隐私保护、涉农数据安全、信用信息的共享和交换、符合农村实际的征信产品和服务等基础工作还非常欠缺。由此导致了信用缺失、失信惩戒机制不健全、城乡信用体系建设差距明显等一系列问题。

当前，在全国各地，很多地方政府都已开始进行"三农"征信体系建设。据媒体报道，截至 2015 年 5 月底，广东省（除深圳市外）共有 18 个县（市、区）启动了信用村建设，投入资金 1 507 万元，已有超过百万农户信息录入征信中心，走在了全国农村征信体系建设的前列。

二、关于农村土地制度

宪法把我国土地属性划分为国家所有和集体所有两种类型，建设用地一般要求使用国有土地，而集体所有的土地按用途可以分为农业用地和建设用地（如宅基地）。在 20 世纪 80 年代，随着乡镇企业的兴起，农村出现了部分经营性建设用地。于是，农村建设用地又分为经营性建设用地与非经营性建设用地。我国农村集体土地农村宅基地是一种属集体所有的建设用地，这种建设用地是非经营性的。集体经济组织对其所辖范围内的集体土地享有完全的所有权，而集体经济组织成员仅享有使用权。从现有的规定看，农村的农业用地和建设用地均没有产权，不能够作为资产进行抵押融资，这是"三农"金融发展缓慢的一个非常重要的原因。

因此，加快农村土地制度创新步伐，是提升农村资产金融化水平的一个重要途径。据统计，截至 2010 年，我国农村集体建设用地约为 2.5 亿亩。按照现有的市场价格计算，这部分的土地价值高达 100 万亿以上。如果通过政策创新盘活这一块资产，将会给"三农"互联网金融带来巨大的发展空间。

在政策方面，国家已开始对农村土地制度进行创新。2013 年，中央 1 号文件正式提出全面开展农村土地确权登记颁证工作；2013 年十八届三中全会通过的《中共中央关于全面深化改革若干重大问题的决定》将"建立城乡统一的建设用地市场""赋予农民更多财产权利，推进城乡要素平等交换和公共资源均衡配置"，确定为未来土地改革的总目标。2015 年 8 月，国务院颁布《关于开展农村承包土地的经营权和农民住房财产权抵押贷款试点的指导意见》，将农村承包土地的经营权和农民住房财产权的抵押实施落到了实处。2016 年 3 月，人民银行会同相关部门联合印发《农村承包土地的经营权抵押贷款试点暂行办法》和《农民住房财产权抵押贷款试点暂行办法》，为农村"两权"

抵押贷款落实提供了更为明确的操作指南。

三、关于农业保险

农业是一个天然的弱质产业。农业生产过程中不确定性强，抵御自然灾害能力较差，弱化了农产品获得金融支持的能力。因此，支持农业保险快速发展，对于"三农"互联网金融发展具有基础性的作用。

近年来，我国农业保险发展较快。自 2007 年中央财政实施农业保险保费补贴政策以来，农业保险发展迅速，服务"三农"能力显著增强。据统计，2007 年至 2015 年，农业保险提供风险保障从 1 720 亿元增加至 1.96 万亿元，共计向 1.94 亿户次农户支付赔款 1 196 亿元，积累大灾风险准备金约 80 亿元。2015 年初在全国开展的中央财政保费补贴型农业保险产品升级改造工作完成之后，涵盖 15 类农作物和 6 类养殖品种共计 738 个农业保险产品。

但是，当前农业保险采取"低保费、低保障、广覆盖"的原则，实际保障水平其实比较低，比如三大粮食作物保险，主要保障农作物的直接物化成本。每亩保障水平是 300 元左右，但实际上平均成本是 400 多元。另外，粮食作物的投保率约为 50%，其中三大粮食作物平均投保率为 65%，与发达国家相比还有很大提高空间。

我国实行"政府财政补贴＋保险公司商业经营＋农户自愿参保"的模式，中央财政补贴到位的前提是农户参保保费和基层财政补贴已经落实的，这种制度设计虽然避免了地方政府的道德风险，但存在上级财政资金拨付存在滞后性的弊端。部分基层政府未能准确理解《农业保险条例》关于"农业保险实行政府引导、市场运作、自主自愿、协同推进的原则"。有的地区制定不切实际的参保率指标，强制或变相强制农户参保。有的地区以维稳为由，要求对未受灾农户"无灾返本"或平均赔付、协议赔付。有的基层政府部门未尽管理与监督职责，个别基层政府甚至要求或协同保险公司通过编造虚假气象证明等方式套取赔款或费用，用于返还县级保费补贴或支付工作经费。

四、关于"三农"融资性担保体系

从中央政策层面，2015 年年底召开的中央经济工作会议提出"创新金融支农服务机制"。2016 年《政府工作报告》明确要求"建立全国农业信贷担保体系""引导带动更多资金投向现代农业建设"。这表明中央非常重视"三农"担保体系的建立。中国银监会印发的《关于做好2016 年农村金融服务工作的通知》提出加快建立政府支持的"三农"融资担保体系，建立健全全国农业信贷担保体系，为粮食生产规模经营主体贷款提供信用担保和风险补偿，在实际工作领域，将"三农"融资性担保体系的建立进行了落实。

2015 年 7 月，财政部、农业部、银监会联合印发的《关于财政支持建立农业信贷担保体系的指导意见》提出，以建立健全省（自治区、直辖市、计划单列市，以下简称省）级农业信贷担保体系为重点，逐步建成覆盖粮食主产区及主要农业大县的农业信贷担保网络，推动形成覆盖全国的政策性农业信贷担保体系，为农业尤其是粮食适度规模经营的新型经营主体提供信贷担保服务。财政支持建立农业信贷担保体系坚持以下原则：地方先行、中央支持、专注农业、市场运作、银担共赢。建立健全覆盖全国的政策性农业信贷担保体系框架。加快建立省级农业信贷担保机构。适时筹建全国农业信贷担保联盟。稳妥建立市县农业信贷担保机构。2015 年 12 月底，安徽、四川、黑龙江等省份几乎同时成立了省级农业信贷担保公司。

从目前看，这些担保机构的合作重心在于本地化的银行。例如，安徽省农业信贷担保公司提出，将与安徽省农村商业银行深度合作，主要为农业适度规模经营户提供信贷担保。从合作的领域看，担保机构将重点放在了粮食适度规模经营户。从"三农"互联网金融发展看，目前这些担保机构还缺乏与互联网金融机构合作的模式与案例。我们认为，应出台政策鼓励这些担保机构建立多方合作的机制，加强与互联网金融机构的合作，为"三农"金融提供更多助力。重点建立并实施各类风险分担及收益补偿机制，其中主要包括政策补偿机制、风险补偿机制以及支农激励机制等。

五、关于网络基础设施建设

我国农村地区有线宽带与无线宽带接入普及率较低，上网费率较高，对互联网金融发展形成一定的影响。2015 年 5 月国务院常务会议决定，加大中央财政投入，引导地方强化政策和资金支持，鼓励基础电信、广电企业和民间资本通过竞争性招标等公平参与农村宽带建设和运行维护，同时探索 PPP、委托运营等市场化方式调动各类主体参与积极性，力争到 2020 年实现约 5 万个未通宽带行政村通宽带，3 000 多万农村家庭宽带升级，使宽带覆盖 98% 的行政村，并逐步实现无线宽带覆盖。5 月 20 日，国务院办公厅印发了《关于加快高速宽带网络建设推进网络提速降费的指导意见》，提出实施"宽带乡村工程"，实现宽带提速和电信资费下降，并将"三网融合"推广到全国。

推进"三农"互联网金融的战略建议

基于以上现状，在乡村振兴战略下推进"三农"互联网金融，建议如下：

一、加快以目标导向或问题导向的"三农"金融立法

从我国"三农"金融立法看，我国"三农"金融缺乏一个系统的法律框架，也缺乏目标导向或者问题导向的顶层设计。现有的法律体系，都是以对原有的"三农"金融机构进行改革为主导。例如，从2003 年开始的农村信用社改革，从2010 年开始的中国农业银行"三农"金融事业部，这些举措，都是机构导向的。政策的出发点就是通过对现有的机构进行政策扶持，期望其为"三农"金融提供更好的服务。

但是，从本质上看，这些机构都以营利为目标，其一方面利用国家的扶持政策，在农村地区建立金融垄断地位，另一方面，根据收益最大化原则进行商业运作。这样，产生了金融虹吸效应。

因此，从未来的立法看，应建立目标导向或问题导向的顶层设计，针对"三农"金融领域的发展目标或存在的问题，鼓励各类机构参与到"三农"金融服务领域，打破农村金融服务市场垄断的局面，破解"三农"金融服务不足难题，提高农村金融服务市场的竞争力和活力。

在国外，一般都以立法形式对农村金融进行规范，而且，这些立法一般都以在农村地区实现普惠金融为目标，而非单纯依赖于某一个具体的机构。我国的"三农"互联网金融发展，在立法方面仍有很多问题需要厘清。

首先，互联网金融在法律上地位如何，需要法律进行明确。例如，互联网金融所涉及的各方主体在法律地位、主体之间的法律关系、业务性质、监管模式等，都要法律进行明确。目前互联网金融的法律基础是《合同法》《担保法》《民法通则》《刑法》等。这几部法律对金融借贷关系的规范，其侧重点在于规范个体之间的借贷关系，这些借贷关系一般是社区之间的熟人间直接发生的，是一种一对一的关系。而互联网金融领域，这些借贷关系或资金关系是发生在陌生人之间，通过涉及第三方（如P2P平台），而且也存在着一对多甚至多对多的关系。这种复杂的法律关系，虽然也可由现有的法律规范进行调整，但是，由于法律主体的分散、资金走向复杂等原因，容易导致法律应用过程中的误区，并导致司法成本的增加。

其次，"三农"互联网金融在"三农"金融中的地位，也需要法律进行明确。如前所述，我国"三农"金融发展的模式是依赖于机构，因此，各种法律规范都以对现有机构的行为进行规范为主，在各类支持政策方面，也明确了对现有机构的定点支持。但是，对于互联网金融这种新兴的模式，在"三农"金融领域的地位如何，相关规范及扶持政策是否适用，在法律上均属于空白。这一点，需要在未来立法中加以解决。

二、建立"三农"互联网金融纠纷快速解决机制

农村的法律资源相对缺乏、法律纠纷解决成本高。而互联网金融行业纠纷具有金额小、数量大等特点，一个项目往往有几十、上百甚至上千人参与，并且分布全国各地；一旦项目违约或出现挤兑事件，往往给解决纠纷增加难度。例如，在立案时究竟作为一个案件还是作为多个案件立案，投资人地域分散造成的争议解决时间及资金成本高等问题。又如，互联网纠纷案件的立案也是问题。这些问题，在"三农"互联网金融领域表现得尤为明显。

为此，建议建立基于"三农"互联网金融纠纷快速解决的网络仲裁机制。网络仲裁无地域性，执行更广泛，更加灵活，还具有即时性、保密性、经济性等优势。

在证据方面，互联网金融的绝大部分证据都是电子化的，这些电子化的证据，格式也高度标准化。在传统的诉讼环境下，电子证据存在取证难、认定难等问题。而在网络仲裁机制中，这些证据可以通过计算机自动认定，并确定证据之间的逻辑关系，减少了取证的难度。

基于这些特色，"三农"互联网金融的网络仲裁可以试点计算机辅助仲裁的模式，即通过计算机对证据的认定，出具标准化的裁决书，最后，仲裁员再直接对裁决书进行人工审核，即可完成仲裁过程。这种模式，不但成本低、效率高，而且客观性好，有利于形成稳定的预期，能够适应"三农"互联网金融的发展。

三、建立互联网金融参与"三农"领域的政策体系

如前所述，"三农"金融是一个系统性的工程，包括各种金融形态以及金融工具。从政策上看，要建立互联网金融参与到"三农"领域的政策体系。

从"三农"金融看，解决"农业、农村、农民"的融资需求是最重要的一个方面，但并不是唯一的方面。互联网金融具有多样性，适宜于建立一个符合农业特点、农村实际和农民需求的金融服务体系。

以农村政策性金融为例，现在没有任何规定鼓励互联网金融参与政策性金融之中。即使在互联网金融具有较大可行性的扶贫金融领域，政策仍处于模糊状态。例如，2016年3月人民银行、国家发展和改革委员会、财政部、银监会、证监会、保监会、扶贫办联合印发的《关于金融助推脱贫攻坚的实施意见》，从准确把握总体要求、精准对接多元化融资需求、大力推进普惠金融发展、充分发挥各类金融机构主体作用、完善精准扶贫保障措施和工作机制等方面提出了金融助推脱贫攻坚的细化落实措施，对深入推进新形势下金融扶贫工作进行具体安排部署。但是，该文件仍未能对互联网金融参与扶贫作出任何规定。

四、针对"三农"特色，建立分级分类监管机制

从目前发展看，我国对互联网金融的监管还处于缺失状态。但是，从现有的状态看，对互联网金融监管实行"大一统"监管模式的思想成为主流。在监管方面，对互联网金融主体，不论在何种行业、从事哪个类型的业务、在哪个领域，都实行统一的监管，这是监管层的基本出发点。但是，另一方面，对于哪些企业属于互联网金融的领域，应该受到相关部门的监管，又缺乏一个明确的认定标准，这导致了市场整体的混乱。

对"三农"互联网金融进行监管，首要的是对真假互联网金融进行甄别。当前，由于缺乏对互联网金融的官方注册程序与认可程序，很多所谓的"互联网金融企业"只是将原有的一些线下理财企业、投资公司，将某一个环节搬到网络之上。而这些企业中，有些企业利用互联网监管上的漏洞，在网上实施非法集资、诈骗等多种违法犯罪活动，而这些企业出事之后，往往认为是互联网金融企业出了问题。而

问题的本质在于，这些企业所从事的甚至都不是金融业务，而是一种犯罪活动。但是，现在的问题是板子打在了互联网金融企业上面，使很多合法的互联网金融企业为不合法的互联网金融行为承担了过多的责任。

其次，应建立分级分类监管机制。以P2P为例，对P2P的监管，应该区别不同的层面；对于纯信息中介性质的平台，应提出基本的准入门槛与监管要求；而对于具有信用中介性质的平台，则应对于其资本金、运营管理模式、业务规模、人员资质等，作出更高的要求。以产品众筹为例，由于农业生产周期长、风险高，应根据这一特点，对平台以及供应商进行适度的监管，并明确其要求。总之，由于"三农"领域的金融问题非常复杂，政策性强，在监管方面，应建立精细化的监管体系。在监管手段方面，要根据互联网金融的特点，运用大数据、云计算等先进技术，实行更便捷的监管模式。

五、实行目标导向的普惠政策，促使政府的引导和财政扶持能够惠及到"三农"互联网金融

对"三农"领域的金融行为进行支持是各国的惯例。从我国看，在"三农"领域也有政府补贴、税收优惠、再贷款、利率浮动幅度更灵活、监管指标放宽等相关优惠政策。这些政策，也是世界各国支持"三农"金融发展的惯常做法。如美国为鼓励合作社银行的发展，在联邦信用法案中明确规定其为非营利性的合作互助组织，免征联邦所得税，且对其社员的受益也免征个人所得税。英国对信用社的利息收入免税。日本对农协有大量的财政资金支持。

但是，从"三农"互联网金融看，我们还没有看到任何政策对其进行支持。即使税收优惠、政府补贴等政策，也没有明确到互联网金融头上。我们认为，"三农"金融政策应该是目标导向的，即引导资金流向"三农"领域，为"三农"领域提供更便捷与优质的金融服务，

而政府的支持政策，应根据这些目标，再进行相应的支持。例如，对"三农"领域的贷款补贴，应以贷款到位额为基础进行补贴，而非直接对机构进行补贴。

此外，根据互联网金融的特色，可以出台一些具有针对性的支持政策。例如，以政府购买的方式，鼓励互联网金融机构开发出基于"三农"大数据的信用风险评估模型。

六、合理处理"三农"互联网金融发展过程中的政府与市场关系

由于"三农"金融的特殊性，在某种意义上，"三农"金融具有准公共产品的性质。公共产品或服务的性质决定了容易产生公共产品或服务消费的"搭便车"行为，出现"市场失灵"，突出表现在缺乏政府干预的情况下，"三农"金融供给不足。

为了解决这一问题，政府应该在"三农"金融领域积极作为。从现有的政策思路看，主要是实行由政府财政补贴一部分，"三农"经济与农村金融自身承担一部分的混合成本提供模式，通过土地、税收、财政等优惠政策，吸引村镇银行、社区银行、小贷公司、资金互助社等新型金融机构在农村地区设立网点，扩大金融服务范围，提高普惠金融覆盖面。这种模式特别注重对农村金融实体机构的补助，具有重实体轻虚拟的倾向。在本质上看，很多国家的实践证明，以手机银行为代表的互联网金融，在解决"三农"领域基本金融服务不足方面，具有非常大的优势。

在政府与市场的关系问题方面，有以下几个方面需要深入考虑：首先，需要将政府与市场在解决"三农"问题方面的作用进行厘清。政府主要是建立基础性的监管框架。这种监管架构应该具有明确的标准，并对所有的市场主体一视同仁。其次，通过政策措施提高各个参与主体的积极性。在这一方面，政府不能够因为有其参股或控制的机构而

给予特别的优惠政策。政府在出台政策时，需要针对某一具体问题的解决或某一特定目标的实现，而不能针对某一特定机构。最后，政府要考虑其监管或激励市场主体的成本。在市场化机制下，过于复杂的制度和体系建设，实际上增加了系统的成本。因此，监管或者激励，都要充分简明。在制度设计方面，要尊重现有的运营实践，便于执行。

七、鼓励产品创新，发展多样化的金融服务产品

"三农"金融的复杂程度要远远超过一般的城市金融。

首先，"三农"金融的需求复杂。农业生产周期冗长，产品复杂多样，各种产品价格变动趋势、营销模式等均存在着极大的差异。例如，有些产品可能会储存起来进行反季节销售，也就是说生产者会主动地制造库存。这与工业品追求资金周转率与产销率有着本质的区别。有些农产品，如林果，可能需要三至五年周期的前期生长时间，这使其对金融的需求呈现出不规则变化的情形。因此，需要依托互联网、大数据等为农民提供新型金融服务；尤其重视各类数据信息积累作为农村互联网金融的产品创新、模式创新的基础。

其次，"三农"金融的抵押等担保措施非常复杂。以农村土地承包经营权为例，虽然政策层面正在放松"三农"领域的承包经营权抵押的限制，但是，我们实地调研发现，农村土地承包经营权抵押过程中，存在着农村土地承包经营权流转等情形，流转之后，原有的农村土地承包经营人是否能够继续抵押？流入方能否抵押？这些问题仍需进一步明确。

再次，农村居民对新型金融产品，如网络借贷、众筹、信托、租赁、理财、咨询、担保等业务并不熟悉，需要将产品简单化，使其清晰易懂，便于农村居民接受。这需要相关机构在进行产品创新时，针对农村的具体发展情况，推出适宜于"三农"的产品。

因此，需要建立"三农"互联网金融产品创新激励机制，对于针

对"三农"特色的互联网金融创新产品，在政策上进行放宽，使各类机构能够根据农村金融服务对象、行业特点、需求差异，细分客户群体，积极开发符合农村经济特点和农户消费习惯的金融产品。以融资产品为例，应根据农村生产经营的特征，尤其要切合各类农产品的生产周期、资金需求模式、营销模式等，开发出各类"三农"金融产品。例如，针对储存产品用于反季节销售的，可以利用互联网技术等开发出基于仓单动态质押的互联网金融产品，也可以开发出基于预售模式的众筹产品。

八、建立统一的数据库，避免数据孤岛

互联网金融与传统金融最大的区别在于数据化。互联网天然具有获取数据、分析数据与积累数据的优势，因此，数据化将是互联网金融未来发展的一个重要趋势。

但是，从目前的情况看，数据孤岛现象在"三农"领域体现得非常明显。政府各个部门都拥有不同特征的静态和动态数据，这些数据缺乏整合，分散的数据对分析而言价值不大。从企业来看，各大企业也都掌握了部分数据，例如阿里巴巴等电商掌握商户商品的交易数据，各家银行拥有各自的客户信息，这些数据对企业而言，当然具有相应的价值，但是，并不能完全发挥出数据的全部价值。因此，在政策上，需要政府掌握的各项数据对企业开放，并建立企业之间数据对称开放的激励机制，以消除数据孤岛现象，使数据的最大价值充分发挥出来。

在"三农"领域，由于信息不对称、交易成本、合同执行成本等原因，低收入者和农业生产经营的微型企业缺乏合格的抵押担保和信贷记录，其信用数据缺失。而"三农"互联网金融平台在这方面开始进行了探索，因此，应出台相应的政策，通过将互联网金融企业的企业征信记录纳入国家征信体系，获得更为完善的征信数据，通过官方和民间结合的方式，尽快完善征信体系建设，以提升金融企业在农村

开展工作的效率。

在数据分析领域，既要关注个人信用和资本信用等静态交易信用的作用，更要重视备付金、保险准备金、交易信用评级、信誉认证等动态信用机制的作用。例如，通过动态的数据矫正，可以对关于融资者的信用评级错误进行动态纠偏。

九、完善以互联网金融消费者保护为核心的监管体制

互联网金融作为金融模式的创新，其金融交易内在的复杂多样性和专业性仍然存在，再与技术密集的互联网行业结合在一起，进一步加大了金融消费者准确理解和掌握互联网金融产品和服务的难度，个人信息泄露、被不法分子以钓鱼网站骗取钱财、被植入木马病毒获取账户密码、支付数据被篡改等风险日益暴露，金融消费者权益保护工作应得到高度重视。

而对于"三农"互联网金融来说，互联网金融的资金使用方也包括农民。农民对 P2P 网络借贷等新型金融模式缺乏足够的重视，加上农业生产的特殊性，因此，在进行"三农"互联网金融消费者保护立法立规时，应将农民借款人作为互联网金融消费者的一个重要组成部分加以考虑。

十、加大宣传与教育力度

互联网金融是一个新生事物，在实际运作过程中也产生了大量的新问题，因此，需要有大量的宣传教育工作。对"三农"领域而言，金融创新的推广普及难度较大。例如，人民银行曾要求在农村普及推广 POS 机、ATM 机，积极推进网银业务，使农村地区的支付结算更为简便。但是，在实践中，农民对于这些新型支付结算工具并不熟悉，导致使用率普遍不高。互联网金融比这些新型支付结算工具更为复杂，更加难以直观理解，要在"三农"领域获得认同，需要加强宣传教育力度。

　　从另一个方面看，当前互联网金融领域鱼龙混杂，许多号称互联网金融的创新，在本质上不是互联网金融，只是原有的非法集资、传销等违法行径在互联网上的翻版；还有很多机构，假借互联网金融的名义，故弄玄虚，对互联网金融消费者进行误导性宣传。对于这些行为，也需要大量的宣传教育，才能使金融消费者更加清晰地将各种风险辨识出来。

　　互联网金融关注大数据模型，而这些数据需要根据农民的一点点行为进行积累。这需要农民树立信用意识，践行诚信生活。而这些信用意识的建立，也需要进行各种宣传教育。

　　因此，应针对"三农"互联网金融的特色，建立适合于"三农"领域的互联网金融宣传教育体系，使"三农"互联网金融更加深入人心。

路锦

多年在区、镇、村等基层一线工作，具有丰富的
实践经验，对中国乡村问题进行了大量近距离观察和
深入研究，为城脉研究院特聘专家。

路锦：
乡村振兴需创设更强载体和更活机制

对于任何一个地方政府决策者来讲，乡村振兴都是一个重大新课
题，需要大量的实践挑战。阡陌智库、城脉研究院特别对曾在基层政
府有多年任职经历的路锦先生进行了访谈，凭借多年实践和对中国乡
村现实的近距离观察，他畅谈了对乡村振兴的理解以及既往实战经验。

一、两次变革有重大区别

在讨论乡村振兴战略之前，我们有必要先厘清一些问题。比如，
都是事关农村的重大变革，但今天的乡村振兴与四十年前开始的改革
开放相比，其实已发生了很大变化。

1978 年改革开放以来，中国经济的快速发展首先是从乡村启动的，
以安徽滁州凤阳县的小岗村为起点。其根本动力来自于底层人民，是

民众出于对发展的需要，才勇于打破了原有管理的束缚，解放了生产力，随即农民生产的积极性大幅提高。所以这个过程是一种内生性的、自下而上的突破，这种突破最终"变现"为生产力。

2018年迎来了改革开放四十周年。在2017年的中央十九大上提出了"乡村振兴战略"，在这样的节点提出这样的战略，意义可谓深远。但这次乡村振兴，与四十年前开始的变革截然不同。

一是从农民角度来说，变革由自下而上转为了自上而下。改革开放起步时，中国大量的劳动力在农村。但这次乡村振兴战略的大背景是大量劳动力已经不在农村，而是在城市。如果说，把农民限制在农村去推动乡村发展，不让他们向城市流动，大量农民是不愿意的，特别是年轻人不太愿意留在农村，农村也没有太多的就业机会。所以对于农民来说，当前乡村振兴战略的内生性动力，相较四十年前肯定是不足的，不再是自下而上。如果希望农民留在本村发展农业，是否应该给他们足够的吸引力和保障措施？做农业风险大，挣不到钱，当农民没有地位，没有保障，这个行业，选择的人自然不会太多。同时，农业是免税的，对于地方和基层来说，也没有太强的发展动力，一个产业基层没有很强的内在动力去做，发展起来会更艰难一些。

二是从城里人的角度来说，现阶段很多已经致富的市民，对乡村有了更多回归的渴望，他们的回归，大部分人为的不是挣更多的钱，而是一种乡情，而现实是市民很难成为村民，市民进入农村有很多红线。这与四十年前截然不同。而且现在大量农村人口流入城市，不能只是单向地向城市流动，大规模人口聚集在城市，对于城市的服务、管理的挑战也是巨大的。城市可以通过各种政策给户口，留住需要的人才，让农民变成市民，而乡村且很难通过政策留住人才，让市民变成农民。企业可以通过引入外部投资者新增股东，增强企业的竞争力，农村集体经济组织却很难引入外部投资者，让他们成为同样拥有农民

集体组织权利的村民。如何形成合理的城乡流动机制，既要让城市留得住想进城的乡下人，也要让乡村留得住想进村的城里人，这些方面需要政策层面有更大的智慧和乡村层面更多实践，乡村振兴战略应该在这些方面有一些突破。

三是资源掌控也有很多不同。以前，大部分资源控制在政府手里，只要政府在政策上稍有松动，就会激发社会很大的变革能量，很多地方和产业就能相应发展起来。而现在民营资本已十分发达，政府再想用控制和放活等手段来发展，比以前难度大得多，必须有更多的智慧来通过市场化的力量来推进，让市场在资源配置中发挥重要的力量，政府在保障公平合理中发挥更好的力量，这些方面对制度创新的内在挑战比较大。

二、需要创设更强的载体和更活的机制，让人才物能在乡村落地生根

从乡村振兴战略来看区域发展，有这样几个关键点：一是生产能力，指的是该地区能生产农产品的总数量，有些地方自然禀赋好，有资源，那是天时地利人和；二是交易能力，指的是这个地区的农产品能不能得到市场的认可，同时农业是一个高风险的行业，市场、灾害等各种风险的防范和应对机制并不完善；三是人，这是最关键的因素，其中的组织形式也很重要。当前，大量农民对于生产农产品的动力不足，但从事三产服务业的能力又不足。其中，土地和集体经济是一块重要的资源和财富，怎么做，谁去做，是个大问题。

一是让外部的新鲜力量能进得了乡村。如上所述，改革开放初期的农村发展是内在生产力的释放，但是当前劳动力已经没有了，怎样做好现有资源的开发？乡村振兴发展的核心在于相关体制，什么样的基层体制，决定了什么样的人、什么样的资源能到基层去。体制好了，外来的人和资本就愿意过去，这就相当于给人家吃了定心丸，让他的

资本感觉安全。现在都在讲要素下乡下不去，资本进不去，人才也回不去，除了政策制约外，核心就是没保障，不安全，现在有些地方翻建房子都不让翻，说是"规划控制，不合规"。

单纯依靠原住民的村民去做好农业很难，存在是否干得动、是否会干、是否愿意干等诸多问题，必须用好和引进外部力量。这就需要国家层面加强研究，出台得力政策，最关键的是解决农村土地所有权、承包权、经营权的创新利用，让外部的力量能进得了村，让乡村的集体经济的水活起来。

二是内部组织的保障。主要涉及怎样解决村干部的问题。再好的国家政策、再好的市场资源，都要由乡村组织来运作实现，所以组织干部极为关键。必须充实足够的新鲜血液到村里面去，用创新的手段引入更多人才，有了人才，就有了更多智慧，也就会带来更多资源，乡村就可以搞活。比如，城市可以出台诸多政策抢人才，让人才落户成为市民，农村为何不可以抢，为什么不能让城市的居民成为农村新的村民？

对于政府来说，也要有意识地选拔一批优秀的骨干、公务员下到农村去，但制度保障要让他们下得去，待得住，干得安心。这不仅有利于充实乡村组织力量，也有利于我们培养更多接地气的、有实践经验的干部。

三是要落实集体的权利与权力。既然农村资源是集体所有，那么就要让集体具有足够话语权，而不是动不动被上级决策。比如，部分县、区、镇级政府依靠拥有的规划权力，为保障核心区域发展、核心项目利益，可能会抢占部分村级的指标，而且不见得制定或落实相应的反哺措施。在没有平衡机制的情况下，"被决策"的集体就会丧失有关权益，而且无法决定自身的发展。这样，集体的权力空心化，集体的创造力也会削减，集体的能量就无法得以释放。可以说，权力在哪里，资源就在哪里，有能力的人就会去哪里，能量就会在哪里聚合。

当前，村一级集体没有博弈的能力，这需要法律上提供进一步保障。在遵守国家大的法律法规前提下，让集体回归集体，赋予更多集体自主决策的权利，让"小集体"不被"大政府"侵占，保障更多农民利益不被牺牲。而且，农村集体是整个国家根基体系的一个重要方面，是否牢固很重要，不仅事关乡村振兴战略能否如期实现，也事关国家安全和稳定。

三、基层镇村工作的感悟与心得

打铁还要自身硬。除了国家和政策要支持乡村发展外，基层政府自身也要思考，在乡村振兴战略下，如何才能高起点、高质量地发展。以原来在镇村的工作经历谈几点体会。

（一）产业发展定位要有根、要高远、实现人财物正流入

一个地区、一个乡镇、一个乡村要发展，都要首先思考自己的定位。而且这个定位视野要高。我们在分析镇里的产业发展时，就没有单纯地去考虑这一个地方该怎样发展，而是研究思考中国甚至是全球的发展趋势，再回过头来看自身的优势和特点。这个过程就是要回答，在偌大个中国，在那么多区域版块中，你是谁？你又应该是谁？一个镇做好做强一个产业就很了解不起了，改革开放四十年了，一般的乡镇都有自己的产业，应该在原有的产业和资源的基础上做升级，一个区域产业的培育往往需要十多年时间，没有产业基础，新培育全新的产业很难，一般都会失败。

我们基层的领导往往十分辛苦，加班加点地工作。但不客气地讲，很多工作是一些琐事，乡村是人情社会，很多人把大量的时间花在各种人际关系上。琐事和人际关系固然需要处理，但自身产业定位这是一个大问题，一定要重视，需要拿出足够的精力去研究。

就当时我所在的常州武进区嘉泽镇的发展来说，我们通过自己的

思考，并借助外脑一起分析，认为要发展，人口不要外流，钱也不要外流，这是我们考虑的重点。那怎样做到肥水不流外人田？我们就思考怎么作出产业特色，怎样做好城镇建设配套，让人力和资本留在本地。

那时（七八年前），我们就有了特色小镇这个概念，产业就定位为当地最具特色的花木产业，并努力做好产业配套。2010年，我们就提出"美丽乡村，美丽嘉泽"的概念。我们认为，未来老百姓需要的不单单是钱，而是老百姓需要在这里生活，所以生活配套、环境配套、产业配套非常重要。

当时我们提出的是"中国嘉泽"，我们思考产业的发展主要是围绕在全国有竞争力这个想法来定位的，嘉泽要成为全中国花木产业服务的特色小镇。

关于产业的发展和升级，主要是抓住这个产业发展的各个环节和链条上本地的核心竞争力和比较优势，才能成大器。产业发展的核心竞争力是什么？就是市场占有能力、定价能力和市场号召力。所以，在增强花木产业区域品牌号召力上，我们申请并成功举办了中国第八届花博会，扩大了在全国和全世界的知名度。同时在产业升级上，我们有全国最大的花木市场、有全国最多的花木园林公司和经纪人队伍，我们思考花木产业交易中心的定位，将花木种植提升到花木展示和交易的发展方向，打造成为全国最大的花木集散地，围绕花木产业交易中心，做足文章，为全国的花木产业发展做好金融、土地和人才的资源配置服务。

区域与区域的竞争，其实就是产业间的竞争。一个地方如果整合上下游产业链的能力增加了，那你就会成为产业的中心，那人、才、物就会向区域内部正向流动。

（二）要舍得花钱买思想、做规划、谋战略

每一个地方的发展，每一个地方特色产业的发展，都需要时间，不要急躁。比如我们在思考当地定位和规划时，用了近两年的时间，不急着赶路。只有方向搞对了，后期发展才能是正确的。

因为基层政府可掌控的费用并不多，一般来说不舍得花钱请国际国内一流的顾问团队服务，这就带来恶性循环，越是不舍得花钱引进有实战经验的顾问团队，越做不成事，越没有发展前途，也就越没钱。搞规划做战略要舍得花钱请国内一流的团队，规划和理念一流才有竞争力，市场上的价格高说明了市场对团队价值的认可，规划和战略是一次性投入，长期受益。在确定基本产业方向和城镇化思路后，要坚持按照规划的方向发展，不然规划顾问费用全部白花了。我们当时总共制订了 20 多个规划，请的都是知名的规划机构，费用确实不低。这些规划全都成功落地，没有一个成为"鬼画"，正是在这些规划的带动下，后来推动了超过 100 亿的投资。

发展理念的落后是一个地方发展落后的根源，我们的思想和理念相对比较超前，在合作过程中就更容易谈成项目。在挖掘完一个地方自然资源因素以后，这个地方的思想理念就成为长期发展取之不竭用之不尽的资源，所以在思想层面花钱借脑，整合全中国最优秀的团队和资源与当地的发展相结合，提高区域内党员干部、企业家和老百姓思想观念，用思想和观念引领一个区域的发展，才是最核心的竞争力。

（三）寻找发展的引爆点

产业定位有了，产业发展基础也具备了，接下来，我们就是在寻找引爆点，希望通过这个引爆点，一举奠定区域产业的地位。

这个引爆点需要时机，但也需要有心策划。当时我们听说第八届花博会正在接受城市申请举办地，我们市区两级就精心策划去申办这个花博会。经过激烈角逐，我们战胜了其他更有影响力的大城市，成

功将花博会落户常州，会址就放在嘉泽镇。就是这一个事件，就确立了嘉泽花木产业在中国的地位，也就实现了让这里成为人、才、物的输入地，而不是流出地。我们依靠花博会争取了很多土地资源、金融支持，基础设施和城镇配套得到了大幅度提升，为区域发展快速积累了大量实力。

很多地方不一定有花木，也不一定能借助花博会这样的大活动，但每个地方都有自己独特的农产品，建议将农产品品牌化，寻找引爆点，借势发展。

（四）找到钱，经营好国有、集体和民间资源

找钱找资源，是基层政府最头疼的事。到哪里去找钱、找资源呢？

一是争取好上级的钱。我最早在跃进村扶贫时，发现村里对于基础设施建设有强烈的需求，但所需费用不低。于是我们利用对政策的研究，协调了很多上级资源，争取到很多项目支持。那段时间村里的基础设施建设总计投入 530 万元，其中三分之二是依靠组织资源争取到的上级部门各方面的支持。基层政府要有政策研究能力，搞明白能向上级政府争取到哪些政策和资源，用足用活政策资源。

二是用好市场上的钱。应当说，市场上的钱很多，这些钱也在寻求与政府合作。所以缺钱并不可怕，怕的是不懂金融，不懂金融也不要紧，怕的是不会用懂金融的人。总之每个地方都可以有自己科学的投融资体系，但可惜绝大多数地区没有，尤其是三四线以下的城市、县域、乡镇，对金融的研究不够，重视程度也不够。当然这个是比较专业的领域，同样需要外脑为地方上定制设计有效的投融资体系，这是一件专业的事情，除自己努力学习以外，还需要借助专业的团队进行合作。

三是整合好自己的钱。创设平台，经营好本地的集体资源和国有资源，在村一级用足用活合作社平台，在镇以上用足用活国有企业平

台，充分发挥集体组织和国有企业的整合资源的能力。

2006年，我们刚到跃进村扶贫的时候，发现村集体是一个烂摊子，不仅没有集体收入而且负债较多，还有两笔较大的资金纠纷。我们就商量，一定要发挥出集体的能量。首先集体手里要有资产，才具有运作的空间，所以第一件事就确定为收复集体土地。由于既往管理比较混乱，集体土地长期被村民占有，群众意见很大，于是村里干部通过耐心细致的说服动员，收复了80多亩集体土地，用于集体经营增加收入。

然后我们成立了农民合作社，与原有村委会账户进行了区分，这也是一种创新，这样就有了新的运作主体，且合法合规。而且，合作社不仅改变了过去单个农户发展的局限，推动了花木产业抱团闯市场，也解决了单户开票等政策上的瓶颈，拓宽了农户苗木的销售渠道。

在扶贫的后期，我们为村里做了一个村域发展规划，利用规划我们争取到了政府为推动产业升级而投资2个多亿的江南花都产业园项目，村级经济发展的实力一下子增强了。跃进村经过十多年的发展，班子相对稳定，村域也没有调整，不断发展提升，从十多年前一个贫困村变成了一个村集体收入每年100多万，集体资产近千万的富裕村，现在农村宅基地和农民股权等各项改革都走在其他村的前列。

我曾工作过的嘉泽主要产业是花木产业，属于典型的农业乡镇，虽然老百姓渐渐富有了，但公共财政却捉襟见肘。于是，在区里成立农博园管委会后，我们建立了农博园投资发展有限公司这个平台，后在这个平台的基础上又组建了江南花都产业园发展有限公司，目前管理的资产规模有一百多亿，同时，还在各村合作社的基础上组建和镇一级的合作社联社，为花木企业和花农服务，每一年花木销售运作体量也有二三十亿的规模。有了这些平台，政府的运作能力就强了，产业发展政企联动的合力就强了。国有企业、集体经济、农民合作社组织有信用、有政策优势，可以承接各方资源。

　　一个地方的发展，特别是没有发展起来的经济欠发达地区，没有强有力的国有企业来运作土地和金融资源，没有强大的国企平台作为地方产业和民营企业发展的后盾，没有强有力的村级集体经济作为农村发展的基础，乡村发展的步伐会更艰难一些。

蒋晨明

资深媒体人和营销专家。媒体和营销从业 21 年，曾历任京华时报新闻中心主任；团中央《中国周刊》创办人之一，常务副总编辑兼常务副总经理；中新凯悦传媒集团（中国新闻周刊）副总裁。现任中国市长协会小城市（镇）专业委员会副主任、全媒体平台执行主编，城脉国际咨询、城脉文化总裁，阡陌智库创始人。擅长传播策划与营销策略，曾主持多个城市和项目服务。

蒋晨明：
基层政府顶层思维欠缺是乡村振兴的重大障碍

"乡村振兴战略"是一个新课题，基层政府该如何理解这一战略并推动当地乡村振兴？中国市长协会小城市（镇）专委会副主任、城脉文化总裁、阡陌智库创始人蒋晨明，结合他在各地调研中的观察，接受了《解码乡村振兴》编辑部专题访谈。

蒋晨明认为，"乡村振兴战略"是中央的顶层设计，但在各级政府的执行中，不能匹配相应的顶层思维，是当前发展的重大障碍。以下为蒋晨明访谈摘要。

顶层思维要注重两个"防止"

城脉团队一直在各城市甚至乡镇走访调研，很多调研我都参与了。

目前来看，各地基层政府都在努力学习十九大精神，乡村振兴战略必然是一个学习的重点。但各级政府是否都能深入领会这一重大战略的内涵，并不好说。总的来说，就十九大之后我接触的一些城市而言，我的整体感觉是在顶层思维上欠缺较多。没有顶层思维，乡村振兴战略就难以深入贯彻，甚至走偏。

因为在"乡村振兴战略"下，城市发展、乡村发展、城乡关系、一、二、三产之间的关系都需要重构，没有顶层思维，就无法完成这个重构的时代命题。

顶层思维要求站在更高的视野上统筹思考工作路径。"顶层设计"这个概念是"十二五规划"里明确提出的，目前在政府领域和市场领域都已经很熟悉了。但在城市发展中，顶层设计的思维意识依然较弱。我们这几年调研、服务这么多城市，一个最普遍的问题就是地方政府的顶层意识还是比较欠缺的。尤其是在"乡村振兴战略"这个概念下，顶层思维就显得更为迫切。

什么是更高的视野？我们可以从时间和空间两个角度来看。

一是时间上，要防止断篇式发展。乡村振兴要求各级政府要目光长远，着眼于今后若干年的发展。中央农村工作会议已明确了乡村振兴的时间表：到 2020 年，乡村振兴取得重要进展，制度框架和政策体系基本形成；到 2035 年，乡村振兴取得决定性进展，农业农村现代化基本实现；到 2050 年，乡村全面振兴，农业强、农村美、农民富全面实现。

这样的目标和要求，注定不能走一步看一步，需要结合中央精神，为自己的区域制订一个长远的规划，摸着石头过河是行不通的。一级政府领导也不能光是考虑自己在任期间的业绩，那样的话，他在任时轰轰烈烈搞几年，换一任领导上来再换一种思路，那一个区域的乡村振兴，就成了割裂式的发展，就会断篇，那样注定会失败。

有个相熟的政府领导曾问过我，在他的任期内怎样在乡村振兴方面做出点成绩？我说你最大的成绩，可能是为你的下一任搭好优质的平台，奠定发展基础，你就已经很了不起了。我们以前为常州的一个项目做咨询服务时，也提炼出一个点，叫"最好的规划，是为未来留白"。

二是空间上，要防止孤岛式发展。需要各级政府有更宽的视野。不能再是各干各的、单点作战了，一个大区域内的若干子区域，如果都是孤立的，则难以达到乡村振兴战略的目标。最近接触一个镇领导，很有想法，对乡村振兴战略十分振奋，希望在自己镇域内践行农业4.0体系。我就跟他讲，想法很好，但农业4.0对于智能化、系统化、平台化的要求很高，并不是简单的将农产品拿到电商平台去卖这样简单，你一个镇的资源有限，更重要的是难以形成集聚效应，至少要在县域的层面上去整合。

所以说，一个地方要推动乡村振兴，迈出的第一步，就是要解决区域的顶层设计，或者重构区域顶层设计。

做好顶层设计，做不一样的"马赛克"

顶层设计需要回答的问题很多，首先就是给自己定位，城市定位也好，区域定位也好。不仅要回答清楚，而且要为自己找到独特性、差异性。用马赛克理论来理解，整个中国地图就是若干区域的组合体，是一块块"马赛克"拼起来的。你这块马赛克跟别人有什么不同，还是平庸得没有任何特点？如何提炼这个特点等，都需要具有实战经验的专家深入调研，提供智力及进一步的资源支撑。

整体的顶层设计又包含了城市形象的顶层设计、区域产业顶层设计、投融资体系的顶层设计等多个子系统。这些问题回答清楚了，再去撸着袖子加油干，那才会事半功倍。

通俗地讲，顶层设计就是要回答"我是谁""我要到哪里去""我怎样去"等系统问题。

但是，关于政府对于顶层设计的重视程度，我毫不客气地讲，太差了。我们遇到了很多城市的决策者或部门负责人，往往都有这样的思维习惯，说专家们来了太好了，你们手里的资源多，多帮我们搞点招商引资的项目吧。我们经常很为难，为什么？就是因为你还没搞好顶层设计呢，我怎么给你招商？很多政府认为，搞顶层设计花钱不说，还费精力费时间，麻烦得很，一时又看不到 GDP，所以就不重视。结果就会导致发展路径模糊，效率不高，甚至规划只是墙上挂挂，无法落地，成为废纸一张，反而造成财力浪费。

四种系统思考须重视

顶层设计是一个系统性工程，如果对地方政府提供一些建议的话，放在当下乡村振兴这个背景下来回答这个问题，我认为要注重以下四种系统思考。

一是城乡之间的关系要系统思考。要意识到当下城乡关系正在发生巨变，以前我们的城乡是二元的甚至是对立的，后来讲"城乡统筹""城乡一体化"，现在叫做"城乡融合发展"。在乡村振兴战略下，乡村不再是城市繁荣兴盛的背景板，更不能再是城市化负面效应的被转嫁方，要形成一种思维习惯，说城时要结合乡，说乡时要结合城，甚至不分城乡，完全融合考量融合发展。乡村振兴战略实现的关键一役也在于城乡之间能否真正融合。

二是乡村内部的关系要系统思考。十九大明确提出了乡村振兴战略的五个方面的总要求，就是 20 字总方针：产业兴旺、生态宜居、乡风文明、治理有效、生活富裕。这 20 字本身就是一个有机的系统，割裂看任何一个都是错误的，偏废了任何一个也是错误的。比如我们现在扶贫攻坚，农民增收当然是极为重要的，但生态、乡风、治理等等都要统筹考虑。如果为了快速脱贫，将生态环境破坏了，乡风文化也不管不顾了，那照样是违背了中央精神。

三是产业关系要系统思考。现在强调的是一、二、三产业融合发展，这一点，据我了解，不少地方政府还没扭过弯来。传统的招商引资，片面搞工业的路径惯性很大，文件上虽然学习了一、二、三产业融合发展，但还没融进骨子里。

四是运营手段要系统思考。由于前三者关系的重构，所以运营工具也会发生很大变化，比如创新的投融资体系设计、创新的整合营销手段的运用，都需要进行系统变革。

我暂且用"运营"这个词来代替政府语境下的"管理""发展"，是因为一个区域的发展，其实就是城市价值的运营，你可以将它视为一个市场主体，只有用运营的观念去操作，才能效率、效益最大化。所以我们城脉研究院的定位叫做"中国城市价值运营平台"，就是这个道理。

在这个运营过程中，还有一个重要的可能需要重构的，那就是城市价值的优势与劣势分析。我们为很多城市和相关企业做过SWOT分析，如果放在十九大背景下、放在乡村振兴战略背景下，可能很多地区的SWOT分析都需要重做。

比如我们最近接触的一个城市，农业是传统优势，但工业发展缓慢，有点在兄弟城市面前抬不起头的感觉。但反过来，在乡村振兴战略下，该市GDP数据虽然不怎么好看，但劣势或许会变成优势。因为它的农业有优势，一产强，再向二产三产延展，是很有作为空间的。而那些工业强市或许正在面临环境治理的痛苦，正在努力解决后遗症。这可以视为后来者居上的一个时间窗口。

可能诞生伟大的企业或平台

一个新时代，一定会有一批新机遇。伟大的公司，一定是与时代脉搏共振的。尤其是产业链条与城市、乡村发展紧密相关的企业，在乡村振兴背景下，将面临新的发展空间。至于这个空间是大是小，这取决于企业自身是否能够及时把握住这个机会。

在这个大背景下，企业也需要重构思维体系和价值体系。这跟政府其实是相似的。首先就是要解决自身业务的顶层设计，有可能会根据政策走向进行调整，甚至做大的革新，如果只是埋头苦干，可能错失良机，甚至偏离时代主航道渐行渐远。比如，原来大家都争着去经济实力强的区域投资找项目，现在就不一定了，机会可能发生了区域转移；再比如你原来只做一个产业，现在可能就要多考虑一、二、三产业融合的问题。

总之，对企业来说，谁重视乡村振兴战略的顶层思维，谁能抓住乡村这根线，谁就能抓住中国的未来。以前这个趋势，很多企业也都看到了，但实话说发展并不快，现实中还是有很多因素制约。但现在不同了，很多关系重构了，后面也会有系列政策陆续发布，制约因素会相应减少，要素下乡的障碍清除也被高度重视。所以之前已布局包括即将布局的优质企业，正迎来他们的战略机遇期。

当然，"三农"问题是一个相当复杂的体系，无论放在历史长河中看，还是放在全球背景下看，任何时代、任何国家的农业问题都不是一个简单的问题，解决的路径也千差万别。在这样的情况下，企业涉足农业，要搞明白农业的"水"到底有多深，症结在哪儿，才好对症下药，既服务于"三农"，也找到市场的机会。

话说回来，光是指望企业来解决"三农"问题也是不现实的，至少就目前来讲，国际惯例都是政府要对农业予以大量的政策倾斜。相信我们也会有大量新的政策来支持。

乡村振兴不会重陷特色小镇怪圈

我们有个不好的现象，就是什么事往往一窝风，在乡村振兴这个方向上，估计也会出现类似的情况。所以，一窝风问题、运动式发展问题也是十分值得警醒的。

这个时候值得反思一下特色小镇。特色小镇是不是好事物？当然是！但政策一出来，政府和企业仓促上马的现象就特别严重，动不动一搞就是几百个，哪个省里的特色小镇计划数目低于100都不好意思。企业，尤其是房地产企业，迅速将特色小镇变成变相的房地产项目。有关部委对此已多次发出警告。

那乡村振兴会不会跟特色小镇沦为同样的下场？我认为不会。因为乡村振兴是国家战略，是中央站在中华民族伟大复兴的高度，从国际、国内两个大局出发，在对世情国情农情深刻研判的基础上提出来的综合目标体系。而特色小镇只是新型城镇化的抓手，充其量是一个工具，而不是目标和战略，所以十九大报告里就不会提及"特色小镇"这样的概念。

但乡村振兴一窝风的倾向也会出现，这个是可以预见的。毕竟是新概念新事物，一段时间内出现盲目发展的可能性是有的，但由于它是长期战略，相信大浪淘沙之后，会较快地步入平稳发展期。

如果说还有其他的担心，就是前面提到过的体制问题。对于基层政府来说，领导的变更是否会影响当地政策的持续，这是个现实的考验。

黄东江

资深媒体人和营销专家。历任京华时报出版中心主任、阿里巴巴旗下淘宝天下总经理助理、海唐公关（834 687）COO、中新凯悦传媒集团（中国新闻周刊）副总裁、春雨国际 COO 等。现任城脉研究院执行院长，城脉国际咨询、城脉文化 COO，中国市长协会全媒体执行副主编。擅长传播策划与营销策略，曾主持或参与 30 余城市和项目服务。

黄东江：
通过城市消费升级寻找出口

无论是党的十九大，还是 2017 年 12 月底召开的中央经济工作会议和中央农村工作会议，乡村振兴都是核心关键词。未来相当长一段时间，乡村振兴将成为中国经济发展、社会发展的重要议题。如何实现乡村振兴，是一个需要全方位探讨的课题。就此，城脉研究院执行院长黄东江接受了专题访谈。

以下为黄东江访谈摘要：

一、旅游只能解决局部农村发展问题，不是大农村振兴的根本出路

不知道从什么时候开始，一提到农村发展问题，"乡村旅游""特

色农庄"，包括新型的田园综合体这样的思路就会立即摆到桌面上。不能否认，乡村旅游、特色农庄，解决了一部分农村和农民脱贫致富的问题。但旅游，只是局部农村才能实现的生产模式，不能一说乡村问题，就都去做旅游。

"十亿人民八亿农"，在中国，大部分农村人口和农业地区，还必须从事基础农业生产。因此，要实现乡村振兴，必须解决以基础农业为主要生产方式的农业振兴、农村振兴和农民富裕。

基础农业是国家的根本，是人民的生命线，而且不是所有的地方都能搞旅游，不是所有的地方都能建农庄。一方面取决于地方资源，中国农业地区，适合做旅游的区域，放眼全国，也只是局部地区。另一方面，取决于市场承载结构。现在一些农村旅游、"特色农庄"能够取得成功，在于这些地方本身的禀赋，放在所有农业区域来看，这还只是少数地区，供需之间还相对平衡。如果，八亿农民都去搞旅游，全国农村地区都变成"农庄"了，这个平衡就打破了。别说因此而振兴，绝对会成为农村和农民的另一种负担。

因此，要真正实现全面的乡村振兴，还必须回到基础农业的根本上来，解决农业生产问题和农产品输出问题。

二、从城市消费升级，为乡村振兴寻找一个出口

解决基础农业问题，是大话题，无论是现代农业，还是生态农业，都不是局部问题，都是国家农业建设的根本问题，关系到决策，关系到政策。显而易见，国家提出乡村振兴战略，并列为国家发展的核心战略，说明决策部门已经为乡村振兴做好了充分的准备。

关乎决策问题，太大，不是我能谈的。我只谈一点，借助国家乡村振兴的战略背景，我们可以从城市消费升级，为农产品的输出渠道探索一个解决方案，从城市消费升级，为乡村振兴寻找一个出口。

1. 从吃得上到吃得好

随着经济的发展，生活水平的提高。当下城市居民消费，已经不再满足于吃得上，而是希望吃得好。前些年，绿色、有机、生态产品，还都属于高消费，现在已经成为日常消费，这就为农产品附加值提升，为农民增收、生活富裕提供了必要的条件。

2. 从买得到到方便买

以前买什么，要去逛市场。远的要坐车，近的走个一二十分钟，也都是常态。现在随着城市经济、社区经济发展，便捷性购买，已经成为常态需求。在家门口甚至坐在家里就能解决基本的生活问题，已经成为日常生活。

"从吃得上，到吃得好""从买得到，到方便买"，都意味着城市消费水平在提升，城市消费水平的升级，为农产品输出，建立了新的、升级的输出渠道，完全可以成为乡村振兴的一个重要出口。

三、社区建设，为农产品留出一个"窗口"

社区化，越来越成为居民生活环境发展的主流趋势。社区化，不止是解决居民"住"的问题，更要解决居民的生活便捷问题。"吃得上""吃得好""方便快捷"都是社区发展过程中核心解决的问题。仅这一点，就为城市和农村之间，建立了一条紧密联系的通道。

可以说，关乎到吃喝问题，米面粮油，瓜果蔬菜，主要来源都来自于农业，来自于农村。在社区建设中，基于居民的生活需求，基于现代生活方式的建立，基于智慧社区的发展，完全可以为农产品建立一个出口，建立一个输出平台，让这些生活必需品，以最便捷的方式、最好的品质，输送到居民手中。不仅提升了社区建设水平，居民生活水平，也借此为农业产品输出建立了一个"窗口平台"，刺激农村生产，提升农民收入和生活水平。

最近，我的一个朋友在做一件事情，就是在社区建设一个"无人智慧零售店"，将居民需要的一些生活必需品，比如鸡蛋、蔬菜等直接送到小区，送到家门口。居民在家门口就可以电子下单，直接取货。这个平台刚刚建立，就获得资本方垂青，据说，最近刚刚获得亿元融资。我相信这样的模式，随着消费水平提升，消费理念升级，未来会越来越多。这样的模式和渠道，必然会成为农业产品的重要出口。

消费水平升级，必然能够刺激和带动农产品的生产和发展。以城市消费升级，反哺农业生产，这无疑是乡村振兴一条可持续建设的通道。

四、电商平台、大数据要成为推动农业发展的重要动力

从农业产地到城市消费区，中间还存在一段距离。过去，是农民挑着担子上街卖，或者通过采购方向城市输送。这中间，生产渠道和消费渠道是隔离开的，信息输送是非直接的，这也经常导致供需间不平衡的问题。我们经常听说，因为生产过剩，导致农产品烂在田间地头、农民损失严重的事情。或者出现因为产品紧缺，导致农产品价格剧烈波动、菜价高过肉价的现象等。无论是生产过剩，还是产品紧缺，核心原因都是市场信息不对称，供需之间不平衡，这都不利于生产和市场的良性发展。

随着科学技术的发展，电商消费已经成为人们日常消费的主要方式之一，电商产业的发展，已经越来越被国家和地区重视。特别是最近几年，国家大力提倡农村电商、产业电商，不只是要通过电商渠道让居民在家门口或者家里解决生活问题、解决居民的供应便捷问题，还通过电商平台的建设，为农产品建立了一个有效输出平台，让农产品能够从田间地头，根据消费者的需求，直接输送到消费者手中。可以说，电商平台，不仅是商业平台、消费平台，也是信息平台，可以在一定程度上，缓解供需间信息不对称问题，解决生产与消费不平衡

问题。

还有一个特别值得重视的问题，就是在农村电商、产业电商发展中，依托电商平台、消费平台产生的大数据对农业生产具有极大的促进价值和作用。未来，大数据必然要成为指导农业生产的最直接、最有效的"依据"。决策机构、生产机构，包括农民可以通过大数据，了解消费趋势，了解供求信息，依靠大数据指导农业生产，从而避免盲目生产、盲目扩产，这对保持良好的生产和消费环境，保持供销平衡，具有不可估量的意义。

说到底就是，不要一说乡村振兴，就以为是单纯地回归乡村谈振兴。要实现乡村振兴，必须要通过城乡融合、产销融合、传统与现代融合等方面来进行有效探索，寻找一条可持续发展、可持续振兴之路。

第三章
深度解码

产业兴旺篇
生态宜居篇
乡风文明篇
治理有效篇
生活富裕篇

第一节 产业兴旺篇

现代农业
特色产业
互联网 + 农业
乡村旅游

一、现代农业

（一）答疑解惑

1. 现代农业是发展乡村产业的必由之路，平时各界谈论得也很多，那么，到底何谓现代农业

现代农业是一个动态的和历史的概念，它不是一个抽象的东西，而是一个具体的事物，它是农业发展史上的一个重要阶段。从发达国家的传统农业向现代农业转变的过程看，实现农业现代化的过程包括两方面的主要内容：

①农业生产的物质条件和技术的现代化，利用先进的科学技术和生产要素装备农业，实现农业生产机械化、电气化、信息化、生物化和化学化；

②农业组织管理的现代化，实现农业生产专业化、社会化、区域化和企业化。

我国原国家科学技术委员会发布的中国农业科学技术政策，对现代农业的内涵分为三个领域来表述：

①产前领域，包括农业机械、化肥、水利、农药、地膜等领域；

②产中领域，包括种植业（含种子产业）、林业、畜牧业（含饲料生产）和水产业；

③产后领域，包括农产品产后加工、储藏、运输、营销及进出口贸易技术等。

从上述界定可以看出，现代农业不再局限于传统的种植业、养殖业等农业部门，而是包括了生产资料工业、食品加工业等第二产业和交通运输、技术和信息服务等第三产业的内容，原有的第一产业扩大到第二产业和第三产业。现代农业成为一个与发展农业相关、为发展农业服务的产业群体。这个围绕着农业生产而形成的庞大的产业群，在市场机制的作用下，与农业生产形成稳定的相互依赖、相互促进的

利益共同体。

从乡村振兴的角度出发，现代农业是以保障农产品供给，增加农民收入，促进可持续发展为目标，以提高劳动生产率、资源产出率和商品率为途径，以现代科技和装备为支撑，在家庭经营基础上，在市场机制与政府调控的综合作用下，农工贸紧密衔接，产加销融为一体，多元化的产业形态和多功能的产业体系。

2. 传统农业为什么要向现代农业转变

一直以来农业作为人类生存的支柱产业，也是人类历史上最古老的物质生产产业。纵观我国农业的发展，传统农业正处于经济转型的十字路口：几十年来的传统农业发展模式已至瓶颈，劳动力成本优势不再明显。目前我国农业还处在从传统农业到现代农业转变的一个过渡时期。

人类文明发展的第一个核心就是食物的生产，目的之一就在于如何让更少的人力，更少的资源生产出更多的食物。这样就能养活更多的人，并让更多的人可以从事农业之外的活动。传统的农业生产方式已经不能适应现代社会的发展趋势了，现在讲求的是快节奏、高效率，现代化生产方式发展能极大地提高生产力，节省时间。

现代农业在吸取传统农业精耕细作、持续经营的基础上，不断吸收和融合现代科学技术，包括计算机和信息技术以及转基因、细胞融合、无性繁殖等生物技术。促进粮食生产稳定发展，一方面要稳定粮食播种面积，稳定、完善和强化国家对农业的扶持政策；另一方面，也必须从强化科技、完善设施、优化结构、转变增长方式、提高农业综合生产能力等方面入手，着力发展现代农业。只有发展现代农业，才能保障粮食安全。

随着社会的发展，农业生态系统中的能量物质流、资金价值流、信息流将会更加迅速，系统将更加开放，与外界市场的联系将更加紧

现代农业 · 答疑解惑

密。在这种情况下，农业生产直接受市场的引导和调控。传统农业将成为现代农业发展的必然。

3. 现代农业与传统农业有哪些区别

（1）传统农业与现代农业的经营目标不同

传统农业生产技术落后、生产效率低下，农民抵御自然灾害的能力非常有限，农业生产受自然环境的影响较大，"靠天吃饭"的现象比较普遍。为了预防自然灾害给人们生存带来威胁，农民尽量地多生产、多储备粮食以备不测，即以产量最大化为其生产目标，而增产的主要手段就是加大劳动的投入。而现代农业的经营目标是追求利润的最大化，即以一定的投入获取最大限度的利润。因为现代农业像现代企业一样，雇主要向被雇佣者支付工资，只有劳动的边际收益大于工资时，雇主才有利可图，才会增加劳动投入。所以，传统农业要过渡到现代农业，就必须将农业生产的目标由满足自给性消费的产量最大化转变为商品性生产的利润最大化。而完成这一转变的首要条件是农业劳动力比重的下降和农业人口压力的缓解，在巨大的农业人口的压力下，农业生产目标由传统到现代化的转变是不可能实现的。

（2）传统农业与现代农业的技术含量不同

农业领域的技术进步是通过凝结着先进技术的现代农业要素的不断投入来实现的。传统要素是从农业部门内部和大自然中获取的，技术含量低，且长期处于停滞状态，国家对农业的投入较少，农业生产所需的劳动力数量较多。在这种人地矛盾十分突出的状态下，农业机械的使用反而会进一步加剧这种矛盾。所以，在传统农业社会中，农业机械的应用和推广往往受到抑制。而现代农业是用现代科学技术武装起来的农业，其要素大都是由农业部门外部的现代化工业部门和服务部门提供的。现代农业要素投入的增长和农业现代科学技术含量的提高就意味着农业部门劳动力容量的减少。所以，农业现代化与工业化和农业人口的战略转移是密不可分的。

（3）传统农业与现代农业的经营规模不同

现代农业的明显标志之一就是它的规模效益，这是因为：

①现代农业是经营者追求利润最大化的农业。这一目标在小规模或超小规模的以满足自给性消费为目的的传统农业基础上是不可能实现的，而必须在较大的经营规模上，农民摆脱生产者的生存压力，把利润最大化作为自己追求目标的情况下才能实现；

②现代农业是高收入的农业。纵观世界发达国家，农民都是比较富裕的阶层，收入很高，而这种高收入必须建立在较大农业经营规模之上；

③现代农业是农产品高商品率农业。衡量一个国家农业的发展水平，关键看它农产品商品率的高低，而农产品的商品率必然与较大的农业经营规模相联系；

④现代农业是高技术农业。传统农业主要是利用人力和畜力，而现代农业是利用现代机械技术、现代生物化学技术和现代管理技术武装起来的农业。特别是大型农业机械的应用必须有较大规模的作业空间，因而也需要较大的农场规模。

4. 现代农业有何主要特征

（1）具备较高的综合生产率，包括较高的土地产出率和劳动生产率

农业成为一个有较高经济效益和市场竞争力的产业，这是衡量现代农业发展水平的最重要标志。

（2）农业成为可持续发展产业

农业发展本身是可持续的，而且具有良好的区域生态环境。广泛采用生态农业、有机农业、绿色农业等生产技术和生产模式，实现淡水、土地等农业资源的可持续利用，达到区域生态的良性循环，农业本身成为一个良好的可循环的生态系统。

（3）农业成为高度商业化的产业

农业主要为市场而生产，具有很高的商品率，通过市场机制来配置资源。商业化是以市场体系为基础的，现代农业要求建立非常完善的市场体系，包括农产品现代流通体系。离开了发达的市场体系，就不可能有真正的现代农业。农业现代化水平较高的国家，农产品商品率一般都在 90% 以上，有的产业商品率可达到 100%。

（4）实现农业生产物质条件的现代化

以比较完善的生产条件，基础设施和现代化的物质装备为基础，集约化、高效率地使用各种现代生产投入要素，包括水、电力、农膜、肥料、农药、良种、农业机械等物质投入和农业劳动力投入，从而达到提高农业生产率的目的。

（5）实现农业科学技术的现代化

广泛采用先进适用的农业科学技术、生物技术和生产模式，改善农产品的品质、降低生产成本，以适应市场对农产品需求优质化、多样化、标准化的发展趋势。现代农业的发展过程，实质上是先进科学技术在农业领域广泛应用的过程，是用现代科技改造传统农业的过程。

（6）实现管理方式的现代化

广泛采用先进的经营方式，管理技术和管理手段，从农业生产的产前、产中、产后形成比较完整的紧密联系、有机衔接的产业链条，具有很高的组织化程度。有相对稳定，高效的农产品销售和加工转化渠道，有高效率的把分散的农民组织起来的组织体系，有高效率的现代农业管理体系。

（7）实现农民素质的现代化

具有较高素质的农业经营管理人才和劳动力，是建设现代农业的前提条件，也是现代农业的突出特征。

（8）实现生产的规模化、专业化、区域化

通过实现农业生产经营的规模化、专业化、区域化，降低公共成本和外部成本，提高农业的效益和竞争力。

(9) 建立与现代农业相适应的政府宏观调控机制

建立完善的农业支持保护体系，包括法律体系和政策体系。

5. 现代农业可以划分为哪些种类

(1) 绿色农业

将农业与环境协调起来，促进可持续发展，增加农户收入，保护环境，同时保证农产品安全性的农业。"绿色农业"是灵活利用生态环境的物质循环系统，实践农药安全管理技术（IPM）、营养物综合管理技术（INM）、生物学技术和轮耕技术等，从而保护农业环境的一种整体性概念。

(2) 休闲农业

休闲农业是一种综合性的休闲农业区。游客不仅可以观光、采果、体验农作、了解农民生活、享受乡间情趣，而且可以住宿、度假、游乐。休闲农业的基本概念是利用农村的设备与空间、农业生产场地、农业自然环境、农业人文资源等，经过规划设计，以发挥农业与农村休闲旅游功能，提升旅游品质，并提高农民收入，促进农村发展的一种新型农业。

(3) 工厂化农业

工厂化是综合运用现代高科技、新设备和管理方法而发展起来的一种全面机械化、自动化技术（资金）高度密集型生产，能够在人工创造的环境中进行全过程的连续作业，从而摆脱自然界的制约。

(4) 特色农业

特色农业就是将区域内独特的农业资源（地理、气候、资源、产业基础）开发区域内特有的名优产品，转化为特色商品的现代农业。特色农业的"特色"在于其产品能够得到消费者的青睐和倾慕，在本地市场上具有不可替代的地位，在外地市场上具有绝对优势，在国际

市场上具有相对优势甚至绝对优势。

(5) 观光农业

观光农业又称旅游农业或绿色旅游业，是一种以农业和农村为载体的新型生态旅游业。农民利用当地有利的自然条件开辟活动场所，提供设施，招揽游客，以增加收入。旅游活动内容除了游览风景外，还有林间狩猎、水面垂钓、采摘果实等农事活动。

(6) 立体农业

又称层状农业。着重于开发利用垂直空间资源的一种农业形式。立体农业的模式是以立体农业定义为出发点，合理利用自然资源、生物资源和人类生产技能，实现由物种、层次、能量循环、物质转化和技术等要素组成的立体模式的优化。

(7) 订单农业

订单农业又称合同农业、契约农业，是近年来出现的一种新型农业生产经营模式。所谓订单农业，是指农户根据其本身或其所在的乡村组织同农产品的购买者之间所签订的订单，组织安排农产品生产的一种农业产销模式。订单农业很好地适应了市场需要，避免了盲目生产。

6. 发展现代农业，需要经历哪些阶段

(1) 准备阶段

这是传统农业向现代农业发展的过渡阶段，在这个阶段开始有较少现代因素进入农业系统，如农业生产投入量已经较高，土地产出水平也已经较高。但农业机械化水平、农业商品率还很低，资金投入水平、农民文化程度、农业科技和农业管理水平尚处于传统农业阶段。

(2) 起步阶段

本阶段为农业现代化进入阶段。其特点表现为：现代投入物快速增长；生产目标从物品需求转变为商品需求；现代因素（如技术等）对农业发展和农村进步已经有明显的推进作用。在这一阶段，农业现

代化的特征已经开始显露出来。

（3）初步实现阶段

本阶段是现代农业发展较快的时期，农业现代化实现程度进一步提高，已经初步具备农业现代化特征。具体表现为现代物质投入水平较高，农业产出水平，特别是农业劳动生产率水平得到快速发展。但这一时期的农业生产和农村经济发展与环境等非经济因素还存在不协调问题。

（4）基本实现阶段

本阶段的现代农业特征十分明显：

①现代物质投入已经处于较大规模，较高的程度；

②资金对劳动和土地的替代率已达到较高水平；

③现代农业发展已经逐步适应工业化、商品化和信息化的要求；

④农业生产组织和农村整体水平与商品化程度，农村工业化和农村社会现代化已经处于较为协调的发展过程中。

（5）发达阶段

它是现代农业和农业现代化实现程度较高的发展阶段，与同时期中等发达国家相比，其现代农业水平已基本一致，与已经实现农业现代化的国家相比仍有差距，但这种差距是由于非农业系统因素造成，就农业和农村本身而论，这种差距并不明显。这一时期，现代农业水平、农村工业、农村城镇化和农民知识化建设水平较高，农业生产、农村经济与社会和环境的关系进入了比较协调和可持续发展阶段，已经全面实现了农业现代化。

7. 如何优化农业产业结构，构建现代农业产业新体系

构建农业产业新体系，是优化农业产业结构，提高农业产业整体素质和竞争力，促进农业现代化的重要抓手。在发展现代农业的进程中，要进一步加强现代农业三个体系的建设。

（1）要大力构建现代农业的产业体系

具体来说就是推动粮经饲统筹、农林牧渔结合、种养加一体、一、二、三产业融合发展。针对农业发展实际，就是在发展粮食生产的同时，面向需求扩大经济作物和饲料作物的比重；在抓好种植业结构调整和优化的同时，依托资源禀赋积极发展畜牧业、林业和水产养殖业；在发展种植业和养殖业的同时，大力发展农产品加工业；在促进农村第一产业发展的基础上，推动农村一、二、三产业跨界融合，混搭发展，进而充分发掘农业的多种价值和功能，将农业的经济与产品、文化与休闲、生态与环境、就业与民生等多种功能释放出来，为农业发展提供更广阔的舞台，为农民增收致富提供更多的途径和渠道。

（2）要大力构建现代农业的生产体系

重点是要推广建设现代农业的先进农艺应用体系、物质技术装备体系和社会化服务体系。要因地制宜大力推广普及复制那些已被实践证明是成功了的农林牧渔生产过程中的良种良法和农艺模式，使之成为广大农民发展现代农业的看家本领。要大力完善物质技术装备体系，尤其是要在农田水利建设、农业机械化、设施农业等领域取得新进展，提高物质技术装备体系对现代农业建设支撑的新能力。要大力健全农业社会化服务体系，提高农业良种化、机械化、科技化、信息化、标准化水平，鼓励农业科技部门和大专院校开展社会化服务，促使其"论文写在大地上，成果留在农民家"。

（3）要加快形成新型农业经营体系

要着力抓好新型经营主体的培育和规范，推动土地有序流转和规模经营，不断完善农产品市场营销体系。培育和规范发展农业新型经营主体，就是要积极培育发展专业大户、股份合作社、专业合作社、家庭农场和农业企业；加强职业农民的培育，构建职业农民队伍；将返乡农民工、大学生村官、复员军人、文化和技能素质较高的农村青壮年，切实培养成农民增收致富奔小康的带头人。要根据依法自愿有偿的原则，因地制宜引导发展规模经营，并以规模经营为抓手，大力提高农业的劳动生产率，以扭转因价格"天花板"和生产成本"地板"双重挤压导致农业竞争力不强的问题。要不断完善农业电子商务等新型商业模式和业态，发展绿色特色农产品的旗舰店、连锁店等，为农业开拓更广阔的市场。

8. 中国现代农业与世界现代农业相比，有哪些比较突出的特点

(1) 农业资源相对贫乏

人多地少，人口密度大。客观要求必须珍惜农业资源，走提高农业资源产出水平的现代农业发展路子；

(2) 非农经济已有一定发展，为现代农业发展创造了较为有利的条件

在农业产出不断增长的条件下，非农产业的快速发展，农业增加值比例的快速下降，中国参与国际经济的实力增强等，为中国现代农业发展提供了低价格农业要素等有利条件，但支撑现代农业发展的能力仍然比较脆弱；

(3) 已经跳出基本农产品制约，为农业结构战略性大调整创造了良好条件

中国经过改革开放以来近四十年的发展，可以不受粮、棉、油、菜等基本农产品供给限制，完全可以通过区域化、专业化和优质化实现农业结构战略性调整的目标；

(4) 农耕水平已经较高，需要推进农业全面发展和升级

如中国谷物单位产量已经达到世界高水平，还需要在结构调整、质量改善等方面努力；

(5) 城乡二元结构仍较明显

中国农业人口和农村人口十分庞大，与城市人口相比的人口城市

化指标明显低于许多国家。这表明，中国城市化水平虽有很大提高，但人口城乡分布仍极不合理，大量劳动力分布在农村，许多农业剩余劳动力需要快速转移，否则，农业劳动力资源占有水平难于提高，进而影响现代农业和农村发展。

由此可见，中国农业发展水平与世界目前水平相比还有较大差距，处在世界农业发展的第二个层次，仅相当于目前中等国家农业发展水平的40%。为实现农业现代化，中国尚需扬长避短，在提高土地生产率的基础上大幅度提高农业劳动生产率。

9. 发展现代农业，需要注意哪些方面问题

（1）科学化

现代科技正迅速地向农业生产、加工等领域渗透，科技进步日益成为农业发展的主要动因。依靠现代化的科学技术，农业才有先进的装备设施、先进的生产管理，劳动者自身的技术素质才能得以提高。

（2）集约化

集约化主要是指现代农业的增长方式由粗放型向集约型转变。首先由单纯地注重数量和速度增长，转到主要依靠优化产业和产品结构，提高增长的质量和效益上来。二是由单纯地依靠资源的外延开发，转到主要依靠提高资源利用率和持续发展能力的方向上来。三是改单纯注重物质、资金投入为在物质、资金投入增加的同时，主要依靠科技进步，提高物质和资金利用率来实现农业增长。

（3）商品化

商品化是指农产品商品化程度不断提高的过程，即从以完全自给自足为目标向完全形成商品为目标的逐步过渡。

（4）市场化

市场化是现代农业在市场经济条件下进行发展的必然要求，建立完善的农业生产要素市场和农产品销售市场体系，是实现农业资源合

理配置的前提。在全球经济一体化的进程中，现代农业生产已不再局限于一个国家或一个地区，而是要面向整个国际市场。

10. 当前，我国现代农业发展存在的主要问题是什么

（1）高素质的农业劳动力缺乏，难以满足现代农业发展的需求

我国农业劳动力主体的文化教育程度普遍较低，农村受过较高教育、年富力强的农村"精英"大多外出就业，留下从事农业生产的多为素质较为低下的妇女和老人，由于缺乏文化知识，阻碍了接受新事物、学习新技术的能力，"谷贱伤农"现象频频发生。也由于缺乏科技知识，也使一些高新技术成果难以推广和运用，难以实现生产过程机械化、生产技术科学化。低素质、低技能农业劳动力过剩，高素质、高技能劳动力短缺，农业向高端升级遭遇劳动力技能障碍。

（2）农业产业化水平欠佳，难以强化现代农业发展的基础

我国总体上处于传统农业向现代农业过渡阶段，产业化进程缓慢，仍然没有跳出小规模、低水平、传统粗放生产方式，农业机械化作业水平低，生产效率低下。细碎化的土地小规模经营和兼业化的养殖方式，造成专业化和标准化程度低，农产品产量低、质量次，无法满足规模化农产品加工业对成片规划化种植和养殖基地的需求，许多加工企业要从众多分散种植的小农户手中收购农产品，大大增加了收购成本。

（3）农产品质量不高，难以保障现代农业发展

我国正处于工业化和城镇化加速阶段，该阶段正是能源资源消耗、污染排放强度较大的时期，扭曲的市场机制拉动工业畸形增长。工业、城市用水急剧增加，与农业用水的矛盾越来越难以调和，由于缺乏严格的保护和治理措施，水质性污染导致水资源质量进一步下降。在这些因素共同影响下，我国可用水资源的供给更加匮乏。工业污染导致不少农产品原料质量偏低，达不到加工业对农产品质量要求，还有一些农业生产者受利益驱使，滥用化肥农药，导致农产品安全问题，加

工品出口和国内市场销售受影响，进而影响现代农业发展进程。

（4）综合服务体系不够健全，难以推进现代农业发展

农业社会服务体系是为农业生产提供的产前、产中、产后全程综合配套服务的专业组织，服务内容涉及销售、信息、科技、物资、加工、劳务、金融、经营决策、政策和法律服务等诸多方面。我国很多地区各类行业协会与专业合作组织发展不平衡，整体规模小、服务形式单一，如何推进现代农业发展的布局规划、项目可研、决策咨询及相关的农业担保、保险等系列服务还较欠缺。

11. 未来，现代农业可能会带来哪些需要注意的问题

（1）农业资源环境问题

在城乡发展一体化的背景之下，无论是工业化还是城镇化的速度都在不断加快，相比之下要让耕地保持所需状态的难度也跟着加大，包括农业用水问题也越来越不可忽视。当下在全国的农田灌溉所需要的用水量缺口高达300多亿立方米，同时在最近5年因为灾害等缘故而导致的粮食损失数量达到了700多亿斤。作为一个在全球来说都是化肥与农药消耗最多的国家，过量与低效的化肥农药等的使用不但会对中国的环境造成污染，也会导致食品安全无法得到保证。而对于耕地强度过高的利用，除了会导致地力的不断下降也会导致水土流失或者是土地沙化、草原退化等问题越来越严重，甚至有的耕地有很严重的重金属污染情况。除此之外，环境也受到了畜禽养殖以及生活垃圾等的不好影响，包括对于近海渔业资源利用过度也导致了水域生态出现恶化的情况。

（2）农业基础设施问题

目前在我国耕地当中，中低产田的数量几乎占到了2/3，而大型灌区骨干工程的完好率只有3/5，至于中小灌区的干支渠完好率也只有1/2。这些数据表明农业基础设施当中存在着不少的问题，比如说

很多设施都已经陈旧老化了，还有一些干支渠等并不通畅等，包括很多的农业基础设施并没有得到很好的管护，才会出现完好率不高的情况。除此之外，无论是畜禽养殖设施还是渔业生产设施的条件都相对落后，没有办法满足需要，甚至在农业生产当中的防灾与减灾的能力依旧偏低。

（3）农业劳动生产率与劳动力问题

因为农业生产的成本其实并不低，而如果农业劳动生产率也十分低下的话，就很容易导致农业产品不具备国际竞争力。在土地租金连连上升的情况下，无论是在生产与经营当中的物化、设备还是社会化服务的投入都在增加，包括劳动力成本也是一样，这些却导致了农业生产经营的规模变小了。在当下，很多留乡务农的人员都是妇女或者是老年人，这些人的岁数比较高而受教育程度又比较低，至于新生代的农民工里面超过一半以上的人并不愿意回乡从事务农工作。种种情况，都让农业生产面临着许多严峻的问题。

（4）农业发展当中的科技含量与风险防控问题

从数据上来看，当前在我国的农业科技当中的进步贡献率也只占到一半左右，而发达国家通常都能够再高出四成到六成左右。无论是推广服务建设的力度又或者是关于原创性品种与栽培技术等的科技成果都还远远不够，缺少一些重大的收获而需要继续努力。关于农产品的质量安全，可惜带来的支撑能力也很不足，这样的农机化发展当中存在的不平衡，也导致了不少的问题。在农业生产的过程当中，时常会有自然灾害出现，甚至有的时候会有多发频发的情况出现，而农作物的病虫害以及动物疫病防控的形势也变得越来越复杂。关于农产品的质量安全问题，同样时不时有问题出现，这也导致农产品的质量安全问题变得更加严重。种种情况，加上国际市场的供需不断发生变化，价格也不断出现波动，以致于对国内市场以及对农业风险防控来说，都产生了不小的影响。

12. 现代生态农业是什么，有何特点

现代生态农业是现代农业与生态农业的复合体系。它以现代工业和科学技术为基础，充分利用中国传统农业的技术精华，保持持续增长的生产率，持续提高的土壤肥力，持续协调的农村生态环境以及持续利用保护的农业自然资源，实现高产、优质、高效、低耗之目的，逐步建立起一个采用现代科技、现代装备和现代管理的农业综合体系。现代生态农业旨在发展社会主义市场经济和农业现代化过程中，调整结构，优化产业和产品构成；增加收入，提高农业综合生产能力；依靠科技，合理利用与有效保护自然资源；防止污染，切实保持农业生态平衡；增加收入，走向共同富裕；逐步建设成为一个具有中国特色的资源节约型、经营集约化、生产商品化的现代农业模式。

现代生态农业有以下特点：

（1）综合性

生态农业强调发挥农业生态系统的整体功能，以大农业为出发点，按"整体、协调、循环、再生"的原则，全面规划。

（2）多样式

生态农业针对我国地域辽阔，各地自然条件、资源基础、经济与社会发展水平差异较大的情况，充分吸收我国传统农业精华。

（3）高效性

生态农业通过物质循环和能量多层次综合利用和系列化深加工，实现经济增值，实行废弃物资源化利用，降低农业成本。

（4）持续性

发展生态农业能够保护和改善生态环境，防治污染，维护生态平衡，提高农产品的安全性，变农业和农村经济的常规发展为持续发展。

现代生态农业是运用农业生态原理和系统科学方法，把现代科技成果与传统农业精华结合起来而建立的一个采用现代科技、现代装备

和现代管理的农业综合体系。它以生态理论为基础，以绿色消费需求为导向，以提高农业市场竞争力和可持续发展能力为核心，追求农业与环境、生态与经济的平衡，以求达到农业安全与人类健康的最终目标。

13. 现代农业示范园是指什么

现代农业示范园区建设旨在培育现代农业与区域经济增长点，园区作为区域农业与农村经济跨越式发展战略的重要组成部分，是增强农业竞争力、推进农业与农村现代化进程和加快区域农业与农村现代化建设的重要举措。其建设与规划成效直接影响高新农业技术的展示，农业产业结构调整，农业科技水平提升与农业经济效益的提高。

现代农业示范园以科技开发、示范、辐射和推广为主要内容，以促进区域农业结构调整和产业升级为目标。不断拓宽园区建设的范围，打破形式上单一的工厂化、大棚栽培模式，把围绕农业科技在不同生产主体间能发挥作用的各种形式，以及围绕主导产业、优势区域促进农民增收的各种类型都纳入园区建设范围。至于园区的分布，因为现代农业科技示范园建设与规划成效直接影响高新农业技术的展示，农业产业结构调整，农业科技水平提升与农业经济效益的提高。远景设计研究院现代农业规划专家指出：示范园通过发展农业设施，极大地改善农业生产条件，并运用先进的科学技术，现代化的管理方式，获取最好的社会和经济效益，是各类农业生产要素的最佳组合。

14. 现代农业观光园经营范围可以有哪些

(1) 观光农园

以生产农作物、园艺作物、花卉、茶等为主营项目，让游人参与生产、管理及收获等活动，并可欣赏、品尝、购买的园区为观光农业园。它又可细分为观光果园、观光菜园、观光花园（圃）、观光茶园等，如北京的朝来农艺园等。

（2）农业公园

农业生产、农产品销售、旅游、休闲娱乐和园林结合起来的园区称为农业公园。这类园在休闲、旅游、度假、食宿、购物（农产品）、会议、娱乐设施等方面比较完善，注重了人文资源和历史资源的开发。是一种综合性的农业观光园，如湖北宜昌的旅游型景观农业区、四川的九寨沟、浙江义乌的农业现代化示范区等。

（3）教育公园

兼顾农业生产、农业科普教育，又兼顾园林和旅游的园区可称为教育农园。其园内的植物类别、先进性、代表性及形态特征和造型特点等不仅能给游园者以科技、科普知识教育，而且能展示科学技术就是生产力的实景；既能获得一定的经济效益，又能陶冶人们的性情，丰富人们的业余文化生活，从而达到娱乐身心的目的，如深圳的世界农业博览园、上海孙桥的现代农业开发区等。

15. 什么是农业产业化联合体

根据农业部、国家发展改革委、财政部等六个部门联合公布《关于促进农业产业化联合体发展的指导意见》，国家要培育发展一批带农作用突出、综合竞争力强、稳定可持续发展的农业产业化联合体。所谓农业产业化联合体，就是龙头企业、农民合作社和家庭农场等新型农业经营主体以分工协作为前提，以规模经营为依托，以利益联结为纽带的一体化农业经营组织联盟。

"联合体"里的主要成员有三个，就是农民、合作社和龙头企业。为什么要让这三者联合呢？这主要是让龙头企业带动合作社，让合作社更好地服务农民，让农民更加专业化，从而形成一个强有力、能够抵御市场风险能力的农业产业综合体。

16. 为什么要发展农业产业化联合体

一直以来，中国的农产品生产成本较高，竞争力偏弱。此前也有专家分析认为，造成这一现象的重要原因之一是农业规模经营水平低于发达国家。只有促进农业规模化经营，才能助力推行标准化生产、提高农业生产效率，增强农业国际竞争力。而农业联合体就是通过完整的产业链把农户、合作社和加工企业联系起来，在规模种植、养殖基础上，加强农产品深加工，提高农产品附加值。

当然，培育农业产业化联合体的意义不仅如此。党的十九大报告提出乡村振兴战略，农业产业化联合体的发展，正是落实这一战略的重要一步，能够有助于拉长农业产业链，推进农村一、二、三产融合，把农业做强做大，培养农民真正成为专业化的新型农业经营主体，从而拓宽增收致富的渠道。

17. 农业产业化联合体怎么发展

土地是农业发展的基础和根本。培育发展农业产业化联合体，首先要引导土地经营权有序流转，鼓励农户以土地经营权入股家庭农场、农民合作社和龙头企业发展农业产业化经营。

有了土地，还得有资金投入进行生产、加工和服务，因此联合体的龙头企业需要发挥自身优势，为家庭农场和农民合作社发展农业生产经营，提供贷款担保、资金垫付等服务。农民合作社内部，也可以稳妥开展信用合作和资金互助，缓解生产资金短缺难题。

同时还要鼓励龙头企业加大科技投入，找准市场需求，优化种养结构，提升农业产业化联合体综合竞争力。在整个农业产业化联合体内部，必须统一技术标准，严格控制生产加工过程，建设产品质量安全追溯系统，增强品牌意识，发展"一村一品"、"一乡一业"，培育特色农产品品牌。

18. 发展农业产业化联合体，政策红包有哪些

（1）资金方面，国家鼓励地方可结合实际，将现有支持龙头企业、农民合作社、家庭农场等发展相关项目资金，向农业产业化联合体内

部适当倾斜

针对新型农业经营主体融资难题，鼓励地方采取财政贴息、融资担保、扩大抵（质）押物范围等综合措施解决。

（2）用地方面，新型农业经营主体发展较快、用地集约且需求大的地区，可以适当增加年度新增建设用地指标

对于引领农业产业化联合体发展的龙头企业所需建设用地，优先安排、优先审批。

（二）国内实践

1. 河北省平泉市：现代农业带动生态与产业双丰收

平泉是国家扶贫开发重点县、燕山——太行山特困连片地区县。至 2016 年，全县共有建档立卡贫困村 84 个，贫困人员 5.8 万人。"脱贫攻坚贵在精准、难在精准、成在精准。必须提高产业扶贫的精准度，进而提升脱贫的效率和效果，才能把脱贫梦想变成现实。"平泉县委负责人说。

平泉市坚持以脱贫攻坚为统领、以结构调整为路径、以绿色发展为目标，在基层大胆探索，勇于创新扶贫模式，结合本地食用菌、设施菜、林果等产业发展实际，创新提出了"投入'零成本'、经营'零风险'、就业'零距离'"的"三零"精准脱贫模式，推动了脱贫攻坚战取得明显成效，其经验做法在全国推广，食用菌产业扶贫模式被农业部列入"全国十大产业扶贫范例"。

几年来，平泉市累计建设"三零"扶贫产业园区 80 个、8 500 亩（其中食用菌产业园区 65 个、7 000 亩），直接吸纳贫困户 3 000 余户，年户均增收 4 万元以上，已累计实现全市 93 个贫困村出列、8.5 万贫困人口稳定脱贫。

科学把脉，精准选取产业不动摇

在平泉，有这么几句话时常挂在群众嘴边："小蘑菇赚大钱"指

的是食用菌；"一棚在手，二十年无忧"指的是设施黄瓜；"金山银山不如花果山"讲的是苹果和板栗。

就食用菌产业而言，平泉三十年来坚持不懈，持续用力，以接力赛方式，一张蓝图绘到底。到 2016 年底，全县食用菌标准化基地面积 6 万亩，产量和产值分别达到 52 万吨、54 亿元，同时辐射带动周边 20 多个市、县，先后荣获了"中国食用菌之乡""中国特色产业集群 50 强""中国滑子菇之乡"等称号。设施菜年产量 120 万吨、产值 36 亿元，有蔬菜专业乡镇 5 个、专业村 70 个，产品销往全国 29 个省、直辖市、自治区，还畅销俄罗斯、哈萨克斯坦等地。山杏、苹果等产业近几年也有了飞速发展。林果种植面积 100 万亩，年产量 20 万吨，其中山杏种植面积 65 万亩，产值 2 亿元，被誉为"中国山杏之乡"。

为此，平泉确定了"一主两辅""远近结合"产业精准扶贫战略（即以食用菌为主，设施菜、林果产业为辅，近抓食用菌、设施菜等生产周期短见效快的产业，远抓生态产业兼顾的林果产业），加快发展现代农业，实现了生态建设与产业培育互促、经济发展与脱贫攻坚双赢。

政府搭建平台，贫困户"零成本"投入不是梦

巧妇难为无米之炊。发展没有资本，产业富民就是一句空话。平泉建立政府＋银行＋龙头企业＋贫困户＋保险"五位一体"合作平台，将原设在农工委的设施农业小额贷款担保中心、扶贫开发办的农户贷平台、供销合作社的政银企户保平台统一整合成立县级金融综合服务中心，形成"多个渠道引水、一个龙头放水"的扶贫投入新格局，提高了资金使用精准度和效益。

金显龙几年前因为罹患脑溢血留下后遗症，不能外出打工，还得供儿子上大学，成了村里的特困户。如今，依靠"政银企户保"融资平台入股食用菌园区，认种两个菌棚，一年就实现了脱贫。他就是"零成本"投入产业扶贫模式的第一批受益者。说起"零成本"投入，贫

困户们人人说好。南五十家子镇后甸子村的李保元、茅兰沟乡五家村王金宝、榆树林子镇贫困户李成等都是受益者。

平泉"零成本"扶持政策，"套餐""礼包"层出不穷。引导企业（合作社）先行建设农业园区和设施大棚，实行"普惠＋特惠"政策叠加扶持。普惠，就是产业园区在建档立卡贫困村新建连片开发集约经营100亩以上，园区入驻贫困户20户以上，扶贫部门按照每户6 000元标准扶持入园的贫困农户；特惠，就是县财政按照每户6 000元标准，再给予上述园区基础设施补贴。"仅2016年这一年，平泉就建设'三零'模式扶贫产业园区40个，直接吸纳贫困户2 000户，户均年增收4万元以上。2017年，全县计划投入3亿元，建设'三零'模式扶贫产业园区50个，再吸纳贫困户3 000户，实现稳定脱贫。"县长曹佐金介绍说。

企业园区唱戏，贫困户"零风险"经营不再焦虑

发展特色产业不仅存在技术风险，而且还有市场风险。对技术，贫困户心存顾虑，瞻前顾后；对市场，又缺乏长远眼光，听风就是雨。为了打消贫困户顾虑，平泉将企业、园区与贫困户结成利益联结体，产业园区负责产前投资、产中技术和产后销售等高风险环节，贫困户只负责无风险的生产管理环节。"在生产环节，菌种、菌棒技术含量较高，风险较大，由我们采取工厂化、标准化生产。然后，将成熟的菌棒交给贫困户管理出菇。对于产品销售，全部由我们负责，贫困户没必要顾虑销路。"平泉县绿河食品有限公司总经理高文秀说。

就是因为有这样成熟的联结机制，黄土梁子镇采取食用菌合作社领建扶贫园区，通过对园区建设进行支持、对贫困户给予扶贫补贴等形式，建立起"龙头企业＋合作社＋加盟园区＋贫困户"的经营合作体。

"两区同建"融合，贫困户"零距离"就业不是难题

脱贫致富奔小康的路上绝不能让一个村民掉队，要把产业建在群

众家门口。为了让贫困户能够就近就业，平泉通过政策倾斜、项目支持、资金帮扶等手段，大力推动美丽乡村社区与现代农业园区"两区同建"。

"一进椴椤树沟，一天三顿喝稀粥。"这句顺口溜是昔日椴椤树沟群众穷困日子最真实的写照。2012 年，平泉统筹推进新农村和美丽乡村建设，以金杖子村为中心，整合周边毛家沟、郭杖子、王家沟、马杖子、郝杖子等村，成立了椴椤树社区。按照社区集中、适宜居住、方便就业、改善生活的发展目标，将美丽乡村社区建设与现代农业园区建设同步规划、同步实施。到 2016 年底，全村建起高标准观光采摘园 3 000 亩和高效设施农业产业园 5 000 亩，实现了 50% 的农户到企业上岗就业，30% 农户从事食用菌等设施农业，20% 的农户从事商贸流通业，农民人均纯收入达到 1.5 万元到 2 万元。

椴椤树社区作为推进"两区同建"过程中，第一个"吃螃蟹"的社区，成了全市的样板，被评为"国家级生态文明村"。目前，该县共建设"两区同建"小区 15 个，配套建设产业园区 30 个，实现就业 2 100 人，安排贫困户 750 户，实现贫困搬迁 2 860 人。

2. 湖南省花垣县：农户入股发展特色产业

花垣县位于湘西土家族苗族自治州，这里是乾嘉苗民起义的古战场，沈从文在小说《边城》里提到的茶峒也在这里。如今，花垣县的十八洞村成为了脱贫攻坚的一面旗帜，作为"精准扶贫"思想的发源地被广为传知。

2013 年习近平总书记来到十八洞村考察，苗族大娘石爬三家里没电视，认不得总书记，她问习近平总书记："该怎么称呼您？"习近平总书记称石爬三为大姐，回答说："我是人民的勤务员。"如今"实事求是、因地制宜、分类指导、精准扶贫"的 16 字标牌高高树立在村口，这已经成为了新时期全国脱贫开发工作的指导方针。

但也是这 16 个字，给当年人均纯收入 1 680 元的贫困村带来考验。

"不栽盆景，不搭风景""不能搞特殊化，但不能没有变化""要可复制、能推广"。十八洞村能交出一份令人满意的扶贫答卷吗?

为调动村民劳动致富的积极性，村里开展思想道德评选，五星最高，用荣辱心激发村民的内生动力。十八洞村党组织第一书记石登高表示，古朴的乡风让村民把脸面看的比什么都重，从"不患穷而患不均"向"不能拖村里后腿"的转变，就这样悄然发生了。

扶真贫、真扶贫，是新时期扶贫开展工作的基石。十八洞村党组织第一书记石登高介绍说，2014年村里通过识贫、校贫、定贫"三步走"，把真正的贫困户、贫困人口找了出来。准确识别出贫困户136户533人，占全村总人口56.8%，十八洞村是一个典型的贫困苗族聚居村。

正确的政策制定后，干部是关键因素，精准用人是十八洞村做出的又一改变。石登高是个"老乡镇"，有丰富的基层工作经验。他介绍说，由第一书记统筹村支两委与扶贫工作队工作，这些人都是通过层层选拔脱颖而出，是落实村里脱贫工作的核心保障。

村主任龙吉隆是十八洞的"名人"，早些年是水果种植大户，2017年6月份被村民选举担任村干部。在村民眼中，他的车子经常在村里穿梭，辨识度极高。每当从村里驶过，都会有村民放下手中的活，走近几步和他招招手。龙吉隆也会透过车窗点头笑笑，没有言语的交流，但这种默契已经养成。不少村民说："村干部得力，跟着他们一起干心里就踏实。"

发展产业是稳定脱贫的压舱石，但十八洞村的产业发展可谓一波三折，最初在种植猕猴桃这件事上村民并不支持。

抬头是山、低头也是山，有的村民两亩地分散在九个山头上，缺地是十八洞村产业发展面临的现实问题。时任工作队长的龙秀林，现在的职务是湘西国家农业科技园区管委会主任，在为村里看护猕猴桃。他说"距离村里30公里的道二乡，是大山中难得的一块平地，流转那里的土地'借鸡生蛋'搞飞地经济，这最初在村民眼里无疑是天方夜谭。"

吸取过往粗犷扶贫、发钱扶贫、贫困户发展能力差的教训，必须因户精准施策，不能把钱一发了之。十八洞村又走了一步险棋，将财政补贴的每人 3 000 元集中入股，种植猕猴桃。

"离村里这么远，种的果子被人摘了咋办？三年才能产果见到收益，时间太长了，遇到病虫害赔了咋办？国家发给我们的扶贫款，为什么不发，是不是让你们贪污了？"村民的不理解，也说明了扶贫工作的困难性。

村干部挨家挨户做村民工作，组织村民到四川参观学习；拜访中科院武汉植物研究所，引进国内猕猴桃种植高端技术；在道二乡流转土地后，邀请专业合作社与村里共建猕猴桃基地……

"交钱的过程就是统一思想的过程，贫困户每人交 50 元，非贫困户每人交 100 元，多交多分红。既要在股金分红上照顾贫困户，又要避免人为造成的贫困与非贫困人口间的矛盾。此外，猕猴桃基地建设还有财政产业发展资金、银行贷款。"龙秀林说。

据介绍，从 2014 年投产到 2017 年挂果，村里对种植的每一个细节进行把控，达到 79 项检测指标，通过订单农业的方式将猕猴桃卖向中国港澳地区，还跟京东电商平台做了对接。2017 年 200 万斤猕猴桃不但促进了农民增收，而且提高了村集体收入。

除了猕猴桃产业园，村里还与省内企业联合开发矿泉水产品、开拓乡村旅游，北京游客胡宝生一行四人从张家界慕名自驾找到十八洞村。农家乐老板杨超文是土生土长的村里人，他的店里每天有 20 多名游客，在提供吃住外，杨超文还在开发苗族土特产品，让游客吃得好、玩得乐、还想再来，微信和支付宝等支付方式也都能用上了。

第一书记石登高坦言，下一步要做强农民专业合作社，虽然现在有 6 家，但总体上还是不强，小且分散，中间这关键一环可不能掉链子。为发掘"十八洞品牌"，村里注册了水果、粮食、工艺品等 65 类商

标品牌。

　　"有些人来我们这里看见村里还是用本地山石铺路、黄泥竹竿做墙、黏土烧瓦片，感觉习近平总书记提出'精准扶贫'的村子，建设的速度比想象中慢。"石登高说，十八洞村不依靠财政钱修路、盖房，村里脱贫开发靠的是精准施策、因地制宜，挖掘群众的内生潜力，模式要能复制、可推广。

　　总结下来，花垣县十八洞村精准脱贫模式"可复制、可推广"的经验，一是"公司加农户"的参股模式发展特色产业，村里引进外部企业共同成立了十八洞村苗汉子果业公司，进行猕猴桃产业开发；二是发展乡村旅游业，引进首旅集团等旅游企业，联合开发十八洞溶洞旅游，培养"农民解说员"，打造"蚩尤部落群"旅游景区等；三是建立专业合作社、通过探索股份合作扶贫、电商扶贫、资金整合模式等一系列的创新扶贫模式来实现脱贫目标。当前，全村 136 户 533 名贫困人口全部脱贫。

二、特色产业

（一）答疑解惑

1. 农村的一、二、三产业是什么

农村产业结构是指农村经济结构第一产业、第二产业、第三产业之间及其产业内部产品，在经济产出等指标上的量的比例和构成。农村产业主要包括大农业（种植业、畜牧业、水产业和林业），农村经济主体兴办的加工业、采矿业、商业服务业、运输业，以及与农业生产密切联系的科技文化产业等非农产业。

产业结构是产业经济学提出来的一个科学概念。在人类社会的早期经济活动中，人们主要向自然界直接索取财富，即主要从事农业生产活动。产业经济学把这种经济活动称之为第一产业。进入工业社会以后，对第一次产业的产品进行加工的工业生产活动和制造业活动，成了社会再生产的主要经济活动，产业经济学把这种经济活动称之为第二产业。到了最近几十年，随着社会生产的迅速提高，又出现了为第一次产业和第二次产业服务的商业、运输业、金融业以及信息、科研等新兴产业，并正在逐步发展成为社会再生产的重要经济活动部门，产业经济学把它称之为第三次产业。

随着我国农村改革的不断深化、社会生产力的不断提高和分工分业的纵深发展，除了农业这个基础产业之外，农村工业、农村建筑业、农村运输业、农村商业和服务业等第二次产业和第三次产业也在逐步形成和发展起来。正因如此，合理调整农村产业结构已成为关系到农村经济持续、稳定增长的重大问题，引起人们的普遍关注和重视。

2. 近年来，国家连续发文推进一、二、三产业融合，三产融合如何覆盖传统农业

一、二、三产业融合发展，其实就是改革传统的农业经济模式。例如，农场。传统农场就是以养殖或者种植作为主要业务。如果将养殖种植

的成果直接由本村加工，同时，农场开始领养模式，设计观光版块，将休闲、旅游也加进来。既有农业，也有工业，又包含了第三产业。

当下，"三产融合"在部分地区已经初见其形，比如"生产＋加工＋销售"的一条龙产业链，"吃、住、玩、土、特、奇、鲜"的休闲农庄服务链，再比如以"互联网＋"模式、借助"电商"平台推广农产品，引导农民、农业从"生产导向"向"消费导向"转变的"新农人""新业态"等等。

3. "三产融合"的哪些模式可以助推农村新业态

通过"三产融合"助推传统农业发展的方法有很多，当前主要有五种模式。

（1）农业内部有机融合模式

将农牧结合、农林结合、循环发展作为导向，调整优化农业种植养殖结构，发展高效、绿色农业。这样一来，高效益、新品种、新技术、新模式的农业蓬勃发展，一些传统资源、农业废弃物被综合利用，农业潜力就被激发出来了。

（2）全产业链发展融合模式

是指从建设种植基地，到农产品加工制作，到仓储智能管理、市场营销体系打造，再到农业休闲、乡村旅游，品牌建设，行业集聚等。一步步走下来，就形成了一条龙"全产业链"。

（3）农业功能拓展融合模式

在稳定传统农业的基础上，不断拓展农业功能，推进农业与旅游、教育、文化、健康养生等产业深度融合，打造具有历史、地域、民族特点的旅游村镇或乡村旅游示范村，积极开发农业文化遗产，推进农耕文化教育进学校。

（4）科技渗透发展融合模式

在推动现代农业发展中，大力推广引入互联网技术、物联网技术，引进先进技术生产栽培模式等，实现现代先进科技与农业产业的融合发展。

(5) 产业集聚型发展融合模式

随着农业产业发展规模的逐步提高，特别是"一乡（县）一业"、"一村一品"的发展，产业发展呈现集聚态势，产业、产品品牌和价值不断壮大，实现产业发展与经济发展的协调推进。

农业的"三产融合"，正是将传统的三大产业理念注入到农业产业内循环之中，将农业生产、农产品加工业、农产品市场服务业深度融合、纳入全产业链的流程，不断拉长农业产业链，延伸农业价值链和效益链，通过产业间的相互补益和全面开发放大系统性效益能量，而不是单纯的一环一侧的改革、创新和增效。

4. "三产融合"发展有何具体措施可以借鉴

农村一、二、三产业融合发展方式灵活多样，形式不拘一格，其主要方式大致有：

(1) 延伸农业产业链或发展农业循环经济

这种方式既可能发生在企业、合作社或农户、家庭农场等涉农产业组织内部，也可能发生在企业、合作社、农户、家庭农场等不同产业组织之间，通过组建涉农产业联盟或深化分工协作的方式来实现。

(2) 第一、第二、第三产业的相关产业组织通过在农村空间集聚，形成集群化、网络化发展格局

如发展"一村一品""一乡一业"等。这里的农村包括县城和小城镇。

(3) 农村第一、第二、第三产业虽然在空间上分离，但借助信息化等力量实现网络链接

可采取公司＋基地＋农户、公司＋合作社＋基地＋农户，发展线上线下有机结合的农业等。

(4) 通过开发、拓展和提升农业的多种功能，赋予农业的科技、

文化和环境价值，提升农业或乡村的生态休闲、旅游观光、文化传承、科技教育等功能

发展休闲观光农业或创意农业，或打造富有历史、地域和民族特色的特色景观旅游村镇。

（5）开发食品短链，用可持续的农业生产方式生产出本地化、可持续、替代性食品。

与延长农业产业链的常规农业产业化方式不同，开发食品短链的方式，应注意尽可能减少中间环节，确保消费者尽可能了解食品生产和流通过程的全部信息，保障食品安全并改善消费体验。这里的"短"，不仅包括空间距离的"短"，还包括围绕产品的各类信息透明可见。食品短链的方式，重视本地食品企业与本地休闲观光农业或乡村旅游的结合，重视本地食品生产企业与餐饮企业的联系。许多地方的土特餐厅，食品原料来自本地化的传统种养或自种自养，是典型的食品短链方式。

5. 农业供给侧改革如何助力脱贫攻坚

供给侧结构性改革体现在脱贫攻坚方面，就是要通过体制机制的改革，通过创新，包括新的绿色生产方式、产业、业态和发展模式，让农民生产的农产品，跟消费者更好地切合起来，把消费者吸引过去。做到这些事情，要在很多方面，在体制机制上，让现在的农产品价格形成机制。在土地制度改革，包括扶贫的工作机制各个方面要加大改革的力度，才能够实现生产出更好的农产品，卖出更好的价格，让贫困户更顺利地脱贫。

例如，部分贫困户的农产品卖不出好价钱、卖不出去，关键是在农产品供给上还存在着问题。一方面，贫困户生产的很多农产品不能增加很多收入，脱贫没有办法。怎么样来增加有效供给？如何让贫困户生产出来的农产品更符合消费者的需求，这个是亟待解决的问题。

另一方面，消费者想吃到优质、安全的农产品，但是买不到，或者买得不放心。如果通过供给侧结构性改革，既让贫困户不再愁农产品卖不出去、卖不到好价钱，又让很多人能买到真正放心的有机农产品，就证明供给侧结构性改革取得了成功。

6. 什么是特色农业

特色农业，就是将区域内独特的农业资源开发区域内特有的名优产品，转化为特色商品的现代农业。特色农业的关键之点就在于"特"，其具体表现在如下三个方面：一是特色农业之"魂"是惟我独存或惟我独尊。我国自古以来就有"物以稀为贵"的道理，对于发展特色农业来讲，也只有做到了人无我有、人有我优才能"特"起来。二是特色农业之"根"是天赋，也就是自然地理环境条件。各地的自然条件自古以来就有所不同，如果不切实际地盲目模仿别人，只能落个劳民伤财的后果。三是特色农业之"本"是传统，即我们通常所讲的种植、养殖或加工习惯，尤其是先进的农业科技。

7. 如何发展特色农业

(1) 发展特色农业

应因地制宜，发挥资源、市场、技术等方面的区域比较优势，逐步形成具有区域特色的农业主导产品和支柱产品，力争实现农业专业化生产，专业化布局，发展特色农业，精品农业。以农民增收为目标，以生产发展为首要任务，积极培育农村主导产业，宜农则农，宜粮则粮，大力发展特色经济、规模经济，为新农村建设提供有力的物质基础和产业支撑。

(2) 重视科技进步

强化农业新品种、新产品、新技术的开发，不断优化产品品质，为产业化经营、提高综合产出效益奠定基础也很重要。要加强品种选育和新品种培育引进，为生产环节搞好供应。

（3）重视市场开发

统筹考虑农业生产、交换、分配、销售、运贮等各环节的相互关系，通畅农产品的市场渠道。通过工业化的生产组织方式，抓好农业生产过程中的资本运营，发挥各类市场主体的积极性，走出一条城乡统筹、以工促农、工农互动的良性发展道路。

（4）大力培植产业龙头和营销群体

提高农业生产的组织化程度，塑造形象，创立品牌，推动农产品深加工、精加工产业的兴起，延伸我国农产品增值链。参与特色农业产业化的各个实体，应形成一种利益共享、风险共担的紧密的利益共同体。农业产业化的形成，可以是"企业＋基地＋特色农户"，也可以是"专业市场或专业协会＋基地＋农户＋科研"等等。这是特色农业产业化能否发展的关键。

（5）重视边际产区的生态产业发展

防止对农业资源的掠夺性开发利用，在加强生态环境良好保护中实现农业的可持续发展。切实转变农业增长方式，大力发展资源节约型、环境友好型农业，搞好山、水、林、田、路综合治理，推进农业生态化，不断提高农业综合生产能力。

（6）加大农业基础设施建设和科技投入

不断消除农业生产产量、质量、效益提高的环境障碍和技术瓶颈。随着农业越来越受到中央政府的重视，各级政府加大了农业基础设施建设与科技研究的投入。

8. 政府如何培育农业特色产业

（1）产业发展必须培育市场经营主体

没有企业、合作社、家庭农场、种养大户等市场主体主导，宁可不发展，也不要盲目发展。武断一点说，凡是靠行政推动，面向千家万户的产业，都是不可持续的，也是不可能做大做强的。

（2）政府要围绕市场化开发的产业基地，重点做好项目整合、政策配套、土地流转等工作

对基地布点、经营模式、生产组织、科技研发、市场营销等工作，只参谋，只服务，不干涉，不包办。业主自然会对投资负责，必然把效益放在第一位。

9. "一村一品"是什么，如何与特色农业发展相结合

"一村一品"，是指根据一定区域的资源禀赋和特点，以市场为导向，变资源优势为产业和品牌优势，使其逐步成为具有区域特色的产业链或产业集群。是使优势不明显的村加快培育出主导产业，使拥有主导产业的村将产业规模做得更大、产业链条拉得更长、发展得更具特色。

"五里不同风，十里不同俗。"农产品生产具有很强的特殊性。不同的地方，不同的条件，改革的基础、发展的水平都不尽相同，各地树起的"一品"也应该是不同的。但这"一品"绝不是偶然产生的，不是"拍脑门"硬想出来的，而应该是当地自然规律、经济规律和社会规律共同作用的结果。

各地大多有自己的比较优势，譬如有的地方矿产资源丰富，有的地方区位优势明显，有的地方经商传统悠久，有的地方人文底蕴深厚。要把"优势"变为"特色"，变成品牌，这需要认清自身的优势，明确自己的产业定位，把比较优势转变为产业优势，把产业优势转变为经济优势。如果刻意追求"一村一品"，一村不能共存"几品"，几村也不能共存"一品"，则是对"一村一品"内涵的最大误读。

其实我们现在提倡的"一村一品"应该是一个形象说法，它并非要求一个村只限于生产一个产品，所谓的"村"也应该是一个区域概念，可以是一个村，也可以是一个乡镇。"一村一品"强调的应该是一个村至少要开发一种具有本地特色、打上本地烙印的产品，并围绕主导产品的开发生产，形成特色突出的主导产业。

10. 农业产业化经营的特征有哪些方面

（1）专业化生产

从宏观上看，推进农业产业化经营的地区根据当地主导产业或优势产业的特点，形成地区专业化；从微观上，实行产业化经营的农业生产单位在生产经营项目上由多到少，最终形成主要专门从事某种产品的生产。

现在实行农业产业化经营，是要从大农业到小农业，逐步专业化。只有专业化，才能投入全部精力围绕某种商品生产，形成种养加，产供销、服务网络为一体的专业化生产系列，做到每个环节的专业化与产业一体化相结合，使每一种产品都将原料、初级产品、中间产品制作成为最终产品，以形成商品品牌形式进入市场，从而有利于提高产业链的整体效率和经济效益。

（2）一体化经营

农业产业化经营是从经营方式上把农业生产的产前、产中、产后诸环节有机地结合起来，实行商品贸易、农产品加工和农业生产的一体化经营。一体化组织中的各个环节有计划、有步骤地安排生产经营，紧密相连，组成经济利益共同体。不仅从整体上提高了农业的比较效益。而且使各参与单位获得合理份额的经济利益。这与实施产业化经营以前的分割式部门"条条"化形成鲜明的对比。既能把千千万万的"小农户""小生产"和复杂纷繁的"大市场""大需求"联系起来，又能把城市和乡村、现代工业和落后农业联结起来，从而带动区域化布局、专业化生产、企业化管理、社会化服务、规模化经营等一系列变革，使农产品的生产、加工、运输、销售等相互衔接，相互促进，协调发展，实现农业再生产诸方面、产业链各环节之间的良性循环，让农业这个古老而弱质的产业重新焕发生机，充分发挥作为国民经济基础产业战略地位的作用。

(3) 风险共担，利益共享

农业与工商业的结合，从根本上打破了传统农业生产要素的组合方式和产品的销售方式，使农业生产者有机会获得农产品由初级品到产成品的加工增值利润。产业化经营的多元体结成"风险共担、利益均沾"的经济利益共同体，是农业产业化经营系统赖以存在和发展的基础。在单纯的市场机制下，一旦供求关系发生变化，市场价格便随之波动，甚至是剧烈波动，影响农业生产者的利益，也影响农产品加工、贮运企业的利益。产业化经营系统内各主体之间不再是一般的市场关系，而是利益共同体与市场关系相结合、系统内"非市场安排"与系统外市场机制相结合的特殊利益关系，就要风雨同舟、休戚与共。由"龙头"开拓市场，统一组织加工、运销，引导生产，可以最大限度地保证系统均衡，使其内部价格及收益稳定，实现各参与主体收益的稳定增长。

产业化经营的多元参与主体之间是否结成"风险共担、利益均沾"的共同体，是产业化经营的重要特征，也是衡量经营实体是否为产业化经营的核心标准。

特色产业·答疑解惑

(4) 企业化管理

农业产业化经营需用现代企业的模式进行管理。通过用企业管理的办法经营和管理农业，使农户分散生产及其产品逐步走向规范化和标准化。从根本上促进农业增长方式从粗放型向集约型转变。以市场为导向，根据市场需求安排生产经营计划，把农业生产当作农业产业链的第一环节或"车间"来进行科学管理，这样，既能及时组织生产资料的供应和全过程的社会化服务，又存在农产品适时收获后，分类筛选，妥善储存，精心加工。提高产品质量和档次，扩大增值和销售，从而实现高产、优质、高效的目标。

（5）社会化服务

农业社会化服务是产业化农业的题中应有之意。作为一个特征，它一般表现为通过合同（契约）稳定内部一系列非市场安排，使农业服务向规范化、综合化发展。即将产前、产中和产后各环节服务统一起来，形成综合生产经营服务体系。在国外较发达的紧密型农工综合体中，农业生产者一般是从事某一项或几项农业生产作业。而其他工作均由综合体提供的服务来完成。在我国，随着农业产业化经营的发展。多数"龙头企业从自身利益和长远目标出发，尽可能多地为农户提供从种苗、生产资料、销售、资金到科技、加工、仓储、运输、销售诸环节的系列化服务，从而做到基地农户与"龙头"企业互相促进、互相依存、联动发展。

11. 推进农业产业化有何意义

从经济学和管理学的角度说，农业产业化的深远意义在于它能够发挥一体化产业链诸环节的协同效应和利益共同体的组织协同功能，把农业生产的产前、产中、产后很好的联系起来，引导小农户进入大市场，扩大农户的外部规模，形成区域规模和产业规模，产生聚合规模效应，合理分配市场交易利益，生产农业自立发展的动力。

实施农业产业化，不仅能给农民收入增长带来极大的效应，更主要的是能对我国农业的发展起着组织和导向的作用。农业产业化的重要意义有：

（1）有利于优化农业产业结构，增加农民收入；

（2）有利于农业现代化的实现；

（3）有利于提高我国农业国际竞争力；

（4）有利于提高农业的比较利益；

（5）有利于加快城乡一体化进程；

（6）有利于吸收更多的农业劳动力；

（7）有利于提高农业生产的组织化程度。

当然，最根本的是有利于农民增收和共同富裕的实现。

12. 各个地区为什么要建设农业型特色小镇

（1）特色小镇可以在满足农业需求中扮演多重角色

特色小镇几十公里外的城市母体孕育着巨大的农业需求。

（2）特色小镇生鲜电商的"后院"

近年来，生鲜电商取得了长足发展。生鲜电商的最大特点在于打破了农业供求在时间和空间上分离的状况，特色小镇可以作为生鲜电商的"后院"。尽管目前多数生鲜电商实际上还是通过一级批发市场来采购，但依托特色小镇的周边，可以增加产地直供在整个商品供给中的比重。

（3）满足城市多层次农业需求

城市对于农业的需求是多层次的，特色小镇可以通过打造农业多层次产业体系，满足城市对于农业的多层次需求，打造农业服务"综合体"。

13. 现代农业 + 特色小镇如何规划设计

在村镇体系统筹基础上对居住环境、配套设施、休闲产业发展、生态保护、文化传承等方面进行科学综合规划。特色田园小镇规划应结合现代农业进行统筹规划，融合农业产业发展，把农业产业的规划布局、发展方向、重点项目内容，在全域范围进行城镇空间协调，市政基础设施协调规划。通过"现代农业 + 小城镇"，构建"产城一体""农旅双链"区域融合发展的生态发展经济态势——"新田园特色小镇"。

按"城乡统筹"，"农业农村一体化"要求，打造新型城镇化模式，以特色小镇为统领，以农业产业的规模化、特色化、科技化为支撑，以农业休闲旅游方式经济模式为内涵，打造新型城镇化典范。统筹区域经济环境、交通区位，分析小镇的空间布局，交通规划；统筹小镇

的发展战略，立足现代农业发展产业，合理分析配套建设支撑体系、产业链发展的内在需求，与文化旅游、休闲产业、农产品加工、公用设施等发展水平相衔接。

14. 田园综合体与农业型特色小镇的联系是什么

田园综合体就是通过以企业和地方合作的方式，对原有乡村社会进行综合的规划、开发和运营。以田园综合体为方向的农业特色小镇，内涵是新业态、方向是新产业，构成是新农民。将对农业型特色小镇的发展给出更加具体的方向和发展路径，并注入新活力。

从市场前景来说，以"田园综合体"为理念打造的特色小镇将具有超前的市场定位和市场规模。通过在乡村建立居住和产业结合的共生体一定会成为趋势，这样的市场必然会迎来广阔的发展空间。

如果说产业是农业型特色小镇发展的核心，那么人就是特色小镇发展的灵魂。田园综合体通过推动一、二、三产业深度融合发展，实现特色小镇由单纯观光向农业观光、农事体验、农耕文化品味相结合的复合功能转变。这种转变也让更多的年轻人回到自己的家乡，缓解城市人口压力的同时也解决了乡村劳动力不足的问题。

15. 田园综合体有何优势

（1）功能定位准确

围绕有基础、有优势、有特色、有规模、有潜力的乡村和产业，按照农田田园化、产业融合化、城乡一体化的发展路径，以自然村落、特色片区为开发单元，全域统筹开发，全面完善基础设施。突出农业为基础的产业融合、辐射带动等主体功能，具备循环农业、创意农业、农事体验一体化发展的基础和前景。明确农村集体组织在建设田园综合体中的功能定位，充分发挥农村集体组织在开发集体资源、发展集体经济、服务集体成员等方面的作用。

(2) 基础条件较优

区域范围内农业基础设施较为完备，农村特色优势产业基础较好，区位条件优越，核心区集中连片，发展潜力较大；已自筹资金投入较大且有持续投入能力，建设规划能积极引入先进生产要素和社会资本，发展思路清晰；农民合作组织比较健全，规模经营显著，龙头企业带动力强，与村集体组织、农民及农民合作社建立了比较密切的利益联结机制。

(3) 生态环境友好

能落实绿色发展理念，保留青山绿水，积极推进山水田林湖整体保护、综合治理，践行看得见山、望得到水、记得住乡愁的生产生活方式。农业清洁生产基础较好，农业环境突出问题得到有效治理。

(4) 政策措施有力

地方政府积极性高，在用地保障、财政扶持、金融服务、科技创新应用、人才支撑等方面有明确举措，水、电、路、网络等基础设施完备。建设主体清晰，管理方式创新，搭建了政府引导、市场主导的建设格局。积极在田园综合体建设用地保障机制等方面作出探索，为产业发展和田园综合体建设提供条件。

(5) 投融资机制明确

积极创新财政投入使用方式，探索推广政府和社会资本合作，综合考虑运用先建后补、贴息、以奖代补、担保补贴、风险补偿金等，撬动金融和社会资本投向田园综合体建设。鼓励各类金融机构加大金融支持田园综合体建设力度，积极统筹各渠道支农资金支持田园综合体建设。严控政府债务风险和村级组织债务风险，不新增债务负担。

(6) 带动作用显著

以农村集体组织、农民合作社为主要载体，组织引导农民参与建设管理，保障原住农民的参与权和受益权，实现田园综合体的共建共享。通过构建股份合作、财政资金股权量化等模式，创新农民利益共

享机制，让农民分享产业增值收益。

（7）运行管理顺畅

根据当地主导产业规划和新型经营主体发展培育水平，因地制宜探索田园综合体的建设模式和运营管理模式。可采取村集体组织、合作组织、龙头企业等共同参与建设田园综合体，盘活存量资源、调动各方积极性，通过创新机制激发田园综合体建设和运行内生动力。

（二）国内实践

1. 安徽崔岗：特色文创产业催生艺术部落

崔岗艺术村，地处国家 4A 级景区合肥庐阳区三十岗乡生态农业旅游区西部，位于董铺水库、大房郢水库上游，是合肥"最美后花园"，有"天然氧吧"和都市生态园之誉，是华东一流、安徽首家艺术村落，也是具有江淮分水岭风情典范的、田园式的、体现合肥新型美好乡村结构优化的典型性特色村落。

（1）立足创意，绘制乡村业态

2012 年，倾心山水间的艺术家策展人谢泽进驻崔岗，萌发了希望利用崔岗的闲置农房建立文化创意村的念头，随即向志同道合者抛出橄榄枝，引发了社会的广泛关注，众多像谢泽一样的艺术爱好者慕名而来。进驻崔岗的"蝴蝶效应"，引起了崔岗所在的庐阳区和三十岗乡的高度重视，庐阳区随即做出决定，充分尊重艺术家和群众的主体地位和主动精神，实现时尚前沿艺术与传统农业文化的完美融合。经深入调研和论证，庐阳区决定利用崔岗的闲置农房，对村子进行合理规划，把共商共赢理念贯穿"文化创意村"建设始终，在兼顾原住村民和"新村民"的各方利益并达成共识后，闲置农房变废为宝的"蝴蝶效应"进一步显现，崔岗现已吸引摄影、油画、雕塑等行业 53 位艺术家签订合同，43 位艺术家正式入驻，瓦房工作室、艺点空间工作室、八间房子摄影俱乐部、柴院客栈、上水荷塘、素陶工社、环艺坊等相继对外开放，入驻单位 100% 从事艺术文化产业。

艺术家在崔岗租赁农宅，改造成画廊和工作室，引起了社会各界对崔岗村的关注，崔岗艺术村得以迅速发展，众多省内外艺术人士纷纷进驻，政府部门高度重视，积极扶持艺术家工作室常态化开放及各种艺术活动的开展，使得崔岗艺术村成为安徽乃至全国知名文化产业基地。

（2）艺术气息，推动乡村转型

2013 年以来，崔岗艺术村连续五年举办"生生不息—艺术与设计展""诗意的权利"等崔岗艺术节暨崔岗论坛，形成了一定的品牌效应。通过举办崔岗艺术节、崔岗市集、艺术群展等活动，艺术村累计吸引游客逾 100 万人次，成为安徽省唯一入选中宣部宣传思想文化工作案例。"艺术崔岗"实现了原住民和艺术家和谐共生，融合发展，形成全国独特的引领城市近郊农村转型升级的"崔岗现象"，各大主流媒体和网络都给予了高度的关注和报道，安徽电视台大型纪录片《淮河》用 10 分钟时间，安徽电视台国际频道《看安徽》栏目用 15 分钟时间，专门介绍崔岗艺术创意村的成长与发展。

艺术家的入驻和村庄整体环境的改善，成为三十岗乡招商引资的"金字招牌"，吸引不少企业前来考察。近年来，以安徽东华农业科技开发股份有限公司为代表的高科技企业和以佳和美庄园为代表的现代农业企业纷纷入驻崔岗村，进一步带动了乡村经济发展。与此同时，与艺术村相配套的展览馆、咖啡屋、书吧、茶吧、酒吧、客栈等均在规划建设中，将进一步激活旅游产业经济，提高农民收入。

2017 年 12 月 30 日，投资一千多万元建设的崔岗当代艺术馆落成，填补了安徽当代艺术馆的空白，艺术馆兼具文化馆藏、书画艺术创作、展览展示、音乐创作等功能，其运行宗旨是将艺术带入乡村、融入乡村，以艺术实践赋予乡村新的美学呈现，从而带动乡村发展呈现新面貌。

作为庐阳区"乡村振兴"路上的大胆尝试，崔岗当代艺术馆的落成和未来以其为载体开展的一系列活动，将成为该区探索乡村发展的新路径，为中国近郊乡村的转型发展提供新经验。

（3）科学管理，保障健康发展

为加强管理，乡村两级在征求入驻艺术家意见的基础上，成立了崔岗艺术村入驻管理领导小组，小组根据艺术村实际情况，制定了崔岗艺术村准入制度，从资料申报、资格审核、协议签订、房屋改造、改造验收、活动审核等六方面对入驻崔岗艺术村的艺术家实行全程管理，从而激发民间文创活力，促进崔岗生态观光、文化旅游等产业蓬勃发展。此外，为促进文艺繁荣，增强入驻艺术家之间的交流与合作，由崔岗村入驻艺术家及关心支持艺术发展的有关人士自愿组成崔岗村艺术协会，坚持"自选领导、自筹经费、自理会务"的组织原则，实行"自我管理、自我协调、自我教育"的工作方针，统筹协调艺术家、村民、村集体之间的关系。

由于"艺术的介入"，崔岗艺术村实现了"文旅相融，城乡共生"，成为合肥市乃至安徽省文旅地标的一张名片。目前，崔岗艺术村已由

民间自发形成的艺术集聚区，演变成为"政府引导＋艺术家主导型"的特色村庄。

2. 广西壮族自治区东兰县："黑色物产"推进特色农产品发展

广西壮族自治区河池市东兰县作为全国社会扶贫创新协作试点县，积极打造红色老区、绿色生态、金色铜鼓、银色长寿、黑色物产"五色品牌"，推进革命老区贫困群众增收致富。

其中，"黑色物产"版块，发挥了当地农产品的特色产业优势，有力推动了县域经济整体发展。

东兰是农业大县，全县 30.79 万人中有 28.55 万农业人口。为了推动农业大县向农业强县发展，东兰县依据当地自然条件和资源禀赋，大力发展东兰乌鸡、东兰黑山猪、东兰黑山羊、东兰墨米等特色优势种养业和农产品加工业。东兰乌鸡与东兰墨米、东兰墨米酒一同获得国家地理标志保护产品认证。坡豪湖牌墨米、腊三珍、东兰墨米贡酒等荣获广西名特优农产品交易会银奖。

目前，东兰县建有原种乌鸡繁育场 1 个，林下养殖场 35 个，年出栏 150 万羽，产值 7 900 万元，养殖户人均收入 750 元；年出栏黑山猪 13 万头，产值 1.1 亿元，养殖户人均收入 13 800 元；墨米 1.5 万亩，产量 2 200 吨，产值 950 万元，人均收入 510 元。

在"黑色物产"品牌的推动下，全县特色产业加快发展，共建有农民专业合作社 252 家和家庭农场 7 家，各合作组织发展的脱贫产业覆盖贫困村 30% 以上的贫困户，逐步形成了"短期能增收、长期能致富"的十大主导产业。

目前，东兰县确立了短期产业重点发展桑蚕、富硒米及东兰乌鸡、黑山猪等传统种植、养殖业，中期产业主抓板栗品种改良和核桃、油茶、中药材等经济作物，长期产业主抓农产品加工业和乡村旅游业的发展

战略。努力引进一批农产品精深加工企业，延长特色产业链，抓好全国电子商务进农村综合示范县建设，助推产业发展脱贫。

3. 黑龙江省富锦市：以稻田为载体做好田园综合体

2017 年，富锦市依托独特的地理、生态优势，打造以稻田文化为主题的"田园综合体"，被誉为华夏东极旅游的"稻"梦空间。

位于富锦市长安镇永胜村的万亩高标准水稻示范基地，已建好观光亭等建筑。这片"大地块"有 4 万亩，核心区有 1 850 亩，景观区有 819 亩。在规划中，景区中心将建一座观光塔，12 座观光亭，20 个观光平台，其中玻璃平台将延展到稻田里，让游人有站在稻田里的感觉。

在观光塔四周，利用 6 种不同颜色的水稻苗种出"中国梦""美丽乡村""祖国大粮仓""海稻船"4 幅巨型彩色稻田画。此外，还将打造稻田水世界、稻草人王国、黑土泥塘、植物迷宫、热气球等景观。

富锦还利用大地块周边的森林公园和湿地公园，在附近村屯重点打造了湿地共邻洪州村、低碳养生工农新村、满族风情六合村、朝阳民俗文化村、赫哲故里嘎尔当村以及农家美食村 6 个农家乐，依托"田园综合体"发展吃、住、行、游、购、娱全域旅游。

富锦万亩地块共 4 万亩连片水稻，富锦东北水田现代农机合作社今年流转了其中的 1 万亩水稻，合作社农户种植水稻都是订单种植，每公斤水稻收购价格较市面价格高 0.54 元。合作社有 38 栋育秧大棚，其中 8 栋将种植蘑菇、木耳，其他大棚种植瓜果蔬菜供游人采摘。

4. 山东省成武县：特色农庄拉动农业"新六产"

近年来，山东省菏泽市把脱贫攻坚作为重大政治任务和第一民生工程，大力实施"一户一案"精准扶贫、"一村一品"产业扶贫、"一人一岗"就业扶贫，帮助贫困群众实现持续稳定增收，扶贫工作成效显著。

特色产业·国内实践

在菏泽市成武县党集镇，有这样一座特色农场，在整合乡村生产、生活、生态资源的同时，还带动 202 户贫困群众脱贫致富，它的名字叫"艾克尔"。

2017 年，党集镇按照优化农业区域布局的原则和要求，创新"集中建设、市场运作、统一管理、异地分红"的发展模式，以胡楼村为试点，整合专项扶贫资金 700 万元，引进社会资金近千万，流转土地 600 余亩，打造了 20 村联建的艾克尔农场扶贫观光旅游综合体项目，培育美洲火龙果、水晶香瓜、玻璃翠西芹、彩色辣椒、高菌能蘑菇、鸿冠西红柿、有机香椿等特色果蔬。在发展过程中，聘请专业人员进行统一建设、育苗、管理、销售，最终收益按比例分配各村。同时，大力发展乡村旅游，激活特色经济，打造儿童乐园、休闲农家乐、垂钓中心，创新开发"分分地菜园"，通过手机 APP 随时查看菜园动态，远程开展浇水、施肥、收获等动作，吸引城里人回归自然、拥抱乡村，享受闲暇之余到农村休闲、经营、采摘、观光的农村田园乐趣。

目前，共建设扶贫大棚 86 座，带动贫困户 450 人，成为集农业扶贫、采摘、观光为一体，辐射全镇，扎根一产、接轨二产、承接三产的"新六产"农业综合体，在加速脱贫攻坚进程的同时，进一步调整优化了全镇产业结构，为加速实现"乡村振兴"提供了坚实保障。

5. 泰安"良心谷"：以良心推动特色农业发展

自 2013 年起，在山东泰安新泰市，一家叫做"良心谷"的万亩有机产业园，就开始呈现在世人面前。这处有机产业园涵盖石莱镇、岳家庄乡、放城镇三镇十五村，是集有机名茶种植加工、有机粮种植加工、技术研发、生态养殖、休闲旅游于一体，"三产"高度融合的现代生态农业示范园。

园区投资 5 亿元，规划面积 44 250 亩。其中包含有机茶园 12 000 亩、泰皇菊种植区 5 000 亩、薰衣草种植区 5 000 亩、石井贡米

20 000 亩、小三峡旅游区 1 500 亩、旅游集散中心酒店等 400 亩、旅游配套设施 350 亩。

（1）定义品质极致化，着力供给侧改革

①产品品质极致：园区现有面积 25 000 余亩，栽植有 14 种无性繁育有机名茶、泰皇菊、小米、花生、大豆等。

所有作物种植、生产流程完全按照国际有机认证标准进行，不施化肥、农药，套种大豆连秧粉碎后拌上有机粪发酵施肥；采取太阳能杀虫灯、黄蓝板等生物防治措施解决病虫害，产品达到绝对有机。

所有产品均已通过世界上最严苛的瑞士 SGS481 农残检测，并且是国内唯一同时获得中国、欧盟、美国、日本有机认证的产业园区。

②配套设施高端：配套建设茶叶加工厂、茶叶研究院开展精品制茶、茶叶研究。茶叶加工厂现已竣工，5 条茶叶生产线上线完成调试工作。茶叶加工厂按照传统建筑风格设计建造，以食药生产标准进行茶叶的生产加工，达到无尘、零污染。采用世界上最先进的智能型自

动化生产线，是目前我国智能化、自动化程度最高的茶叶加工车间。

　　③产业模式新颖：公司以有机产业为基础，以花为媒，形成以旅游带动人流，进行有机产品生活体验式消费的模式，完成线下吸粉，线上线下互动的品牌宣传通路。到"十三五"末，园区将成为集特色有机农业种植、生态度假旅游、有机农产品深加工为一体的农业全产业链集群；集团成为国内领先国际一流的有机农产品企业。

（2）致富思源，义利兼顾，十年扶贫报桑梓

　　山东泰茶农业发展有限公司注册地为新泰市石莱镇北官庄村，这是山东省泰安市市级建档贫困村，也是山东泰茶农业发展有限公司董事长刘孝平的家乡。自 2005 年开始，刘孝平就开始了 11 年的回报之旅：参与希望工程、女童救助工程，共救助贫困学生 42 名，其中 34 人已经完成学业；每年购买年货，慰问 60 岁以上老人；为贫困村民支付新农合医疗款；先后拿出近 20 万元，将 6 条主要街道、1 条生产

路硬化。2013 年成立山东泰茶农业发展有限公司投资建设良心谷万亩有机茶产业基地，并以此为依托走产业扶贫的道路。项目建设前期，土地整村流转连片发展，把茶园交给农户划区管理，农民收取土地租金、茶园管理费，每亩地每年收入 2 600 元左右，受惠农户达 5 000 余户；项目建设后期，农民以土地入股，实现村民变股民。基地的基础设施项目建设、基地管护等工作，可提供直接就业岗位 4 000 余个；采茶季雇佣临时工 14 000 余人，每年直接带动农户户均增收 1.7 万元。在产业带动的同时，还主动承担起园区周边的扶贫任务，对园区内 13 个村 625 户贫困户进行扶贫帮扶；对无劳动能力的贫困户提供最低生活保障；对贫困学生给予资助；设立"良心谷基金"，加大帮扶范围及帮扶力度。在政府指导及公司帮助下 2016 年北官庄村实现全面脱贫。

（3）建设最美乡村，打造全国模范型田园综合体项目

园区由香港贝尔高林设计院规划设计，按照"江北茶乡、生态有机、现代农庄"的思路，以北方"茶文化"为主线，生产"有机茶"发展"特

色游",打造全国最大的"有机茶基地",4A级现代农业休闲观光旅游区。

园区现已完成游客接待中心、茶文化展示中心、茶博园、休闲垂钓、茶文化演艺广场、泳池、观光平台等旅游设施建设。预计今年可实现销售收入1.5亿元,其中旅游收入800万元。项目全部建设完成后,将新增就业岗位1万余个,年接待游客30万人次,综合收入将达到18亿元,利税3.4亿元,实现经济、社会效益共同增加。2017年,以良心谷万亩有机产业基地为基础申报的"新泰市石莱有机茶业小镇"入围山东省第二批特色小镇创建名单。

三、互联网＋农业

(一) 答疑解惑

1."互联网＋"对于我国农业现代化有何影响

改革开放以来，我国经济高速发展，为农业现代化积聚了丰厚的物质条件和技术基础。然而，千百年来一家一户的小农生产从业人员数仍然占我国农业人数80%以上，并且在短时间内很难改变，这严重阻碍了我国现代农业发展。

(1)　"互联网＋"开创了大众参与的"众筹"模式，对于我国农业现代化影响深远

一方面，"互联网＋"能够促进专业化分工、提高组织化程度、降低交易成本、优化资源配置、提高劳动生产率，正成为打破小农经济制约我国农业农村现代化枷锁的利器；另一方面，"互联网＋"通过便利化、实时化、感知化、物联化、智能化等手段，为农地确权、农技推广、农村金融、农村管理等提供精确、动态、科学的全方位信息服务，正成为现代农业跨越式发展的新引擎。"互联网＋农业"是一种革命性的产业模式创新，必将开启我国小农经济千年未有的大变局。

(2)　"互联网＋"助力智能农业和农村信息服务大提升

智能农业能够实现农业生产全过程的信息感知、智能决策、自动控制和精准管理，使农业生产要素的配置更加合理化、农业从业者的服务更有针对性、农业生产经营的管理更加科学化，是今后现代农业发展的重要特征和基本方向。"互联网＋"集成智能农业技术体系与农村信息服务体系，助力智能农业和农村信息服务大提升。

(3)　"互联网＋"助力国内外两个市场与两种资源大统筹

"互联网＋"基于开放数据、开放接口和开放平台，构建了一种"生态协同式"的产业创新，对于消除我国农产品市场流通所面临的国内

外双重压力，统筹我国农产品国内外两大市场、两种资源，提高农业竞争力，提供了一整套创造性的解决方案。

（4）"互联网＋"助力农业农村"六次产业"大融合

"互联网＋"以农村一、二、三产业之间的融合渗透和交叉重组为路径，加速推动农业产业链延伸、农业多功能开发、农业门类范围拓展、农业发展方式转变，为打造城乡一、二、三产业融合的"六次产业"新业态，提供信息网络支撑环境。

（5）"互联网＋"助力农业科技大众创业、万众创新的新局面

以"互联网＋"为代表的新一代信息技术为确保国家粮食安全、确保农民增收、突破资源环境瓶颈的农业科技发展提供新环境，使农业科技日益成为加快农业现代化的决定力量。基于"互联网＋"的"生态协同式"农业科技推广服务平台，将农业科研人才、技术推广人员、新型农业经营主体等有机结合起来，助力大众创业、万众创新。

（6）"互联网＋"助力城乡统筹和新农村建设大发展

"互联网＋"具有打破信息不对称、优化资源配置、降低公共服务成本等优势，"互联网＋农业"能够低成本地把城市公共服务辐射到广大农村地区，能够提供跨城乡区域的创新服务，为实现文化、教育、卫生等公共稀缺资源的城乡均等化构筑新平台。

2. "互联网＋农业"发展中面临什么挑战

（1）"互联网＋农业"发展战略选择的挑战

"互联网＋农业"是借助现代科技进步实现传统产业升级的全新命题，是保障国家粮食安全和推动现代农业发展的重要手段，蕴含着重大的战略机遇和广阔的发展空间。

然而，在缺少顶层设计的情况下，"互联网＋农业"一哄而上、各自为政的局面无法避免，非常容易形成片面性、局部性的发展态势，不利于"互联网＋农业"的整体推进、协调发展，"互联网＋农业"

对经济社会的影响将大打折扣。

因此，亟需制定我国"互联网＋农业"发展战略规划，从战略高度推动"互联网＋农业"发展，形成统一谋划、稳步实施的推进格局，将"互联网＋农业"打造为能够切实推动国家经济社会持续、高效、稳定发展的新引擎。

(2) "互联网＋农业"发展基础设施的挑战

"互联网＋"是一次重大的技术革命创新，必然将经历新兴产业的兴起和新基础设施的广泛安装、各行各业应用的蓬勃发展这两个阶段。"互联网＋农业"也将不能跨越信息基础设施在农业农村领域大范围普及的阶段。

然而，就目前来讲，农村地区互联网基础设施相对薄弱，仍有5万多个行政村没有通宽带，拥有计算机的农民家庭比例不足30%，农村互联网普及率只有27.5%，还有70%以上的农民没有利用互联网。另外，农业数据资源的利用效率低、数据分割严重，信息技术在农业领域的应用大多停留在试验示范阶段，信息技术转化为现实生产力的任务异常艰巨。农业农村信息基础设施薄弱，对"互联网＋农业"的快速发展形成了巨大的挑战。

(3) "互联网＋"与现代农业深度融合的挑战

移动互联网、大数据、云计算、物联网等新一代信息技术发展迅猛，已经实现了与金融、电商等业务的跨界融合。农业是国民经济的基础，我国目前正处于工业化、信息化、城镇化、农业现代化"四化同步"的关键时期，迫切需要推动"互联网＋农业"发展。

然而，农业是一个庞大的传统产业，涉及政治、经济、社会、文化等方方面面，农业问题千丝万缕，错综复杂。如何利用"互联网＋"串起农业现代化的链条，将新一代信息技术深度渗透到农产品生产销售、农村综合信息服务、农业政务管理等各环节，亟需制定一套具体的、可操作的实施方案，推动"互联网＋农业"高效发展。

3. 农村电商当前有哪几种模式较为突出

（1）网上农贸市场

迅速传递农林渔牧业供求信息，帮助外商出入属地市场，帮助属地农民开拓国内市场、走向国际市场。进行农产品市场行情和动态快递、商业机会撮合、产品信息发布等内容。

（2）特色旅游

依托当地旅游资源，通过宣传推介来扩大对外知名度和影响力。从而全方位介绍属地旅游线路和旅游特色产品及企业等信息，发展属地旅游经济。

（3）特色经济

通过宣传、介绍各个地区的特色经济、特色产业和相关的名优企业、产品等，扩大产品销售通路，加快地区特色经济、名优企业的迅猛发展。

（4）数字农家乐

为属地的农家乐（有地方风情的各种餐饮娱乐设施或单元）提供网上展示和宣传的渠道。通过运用地理信息系统技术，制作全市农家乐分布情况的电子地图，同时采集农家乐基本信息，使农家乐的风景、饮食、娱乐等各方面的特色尽在其中，一目了然。既方便城市百姓的出行，又让农家乐获得广泛的客源，实现城市与农村的互动，促进当地农民增收。

（5）招商引资

搭建各级政府部门招商引资平台，介绍政府规划发展的开发区、生产基地、投资环境和招商信息，更好地吸引投资者到各地区进行投资生产经营活动。

4. 如何加快农村电商的发展

(1) 加快信息基础设施建设

政府应给予广泛而有力的引导和支持，加大农村信息基础设施建设力度，利用互联网、移动通信、广播电视、电话等多种通讯手段，建立起覆盖郊区县、乡镇、村的农村信息网络。建立各级信息咨询服务机构，引导和培训农民使用各类信息设施，掌握电子商务的各项技能。

(2) 建设高质量的农村电子商务平台

建设农村电子商务平台，为农业产业化提供大量的多元化信息服务，为农业生产者、经营者、管理者提供及时、准确、完整的农业产业化的资源、市场、生产、政策法规、实用科技、人才、减灾防灾等信息；同时，为企业和农户提供网上交易的平台，支持 B2B、B2C、C2C 等多种交易模式，降低企业和农户从事电子商务的资金门槛，培育、扶持农村电子商务企业。

(3) 建立农村信息服务体系

应逐步建立农村信息服务体系，为农村电子商务提供广阔的发展空间和完整的产业链。

(4) 开展农村信息化知识培训，培养信息人才

应充分利用计算机网络的优势，结合其他通讯手段，大力实施远程教育，不断提高劳动者素质，强化农民信息意识，培养高素质的新型农民。另外，还应把懂业务的各种专业人才充实到农村信息化队伍中来，形成一支结构合理、素质良好的为农村提供信息服务的队伍。

5. 农村电商销售农产品的标准是什么

所有农产品生产和消费都有一个怪现象，越是偏远的地方环境越好，产品质量越天然、越有保障，而且越便宜。但是，"好产品、卖不出、价格低"成了农民的心头痛，信息不对称造成农民的利润低，打击农民种养积极性。然而越是在大城市，种养环境越糟糕，产品越贵，

反而却没有很好的质量保障。"找不到、买不了、不敢吃"成了农产品消费的三个困局。传统农产品要走出农村走进城市必须先解决规范生产、营销平台、商品流通、信誉溯源这几个痛点。

农村电商销售农产品，必须坚持"五良"：良种、良肥、良田、良品、良心。即有良种、用良肥、变良田、出良品、讲良心，形成一个生态农业产业链：

良种：健康无毒、抗病虫害、易种易管、有高产基因的种子及种苗。

良肥：高效、低毒、安全、环保、无残留、多功能肥料（包括农药）。

良田：有害物质含量低、有机质含量高，土壤生态健康平衡。

良品：绿色有机、营养美味、健康优质、安全放心的农产品。

良心：遵循以上四点行为准则从事农业活动的新农人职业道德规范。

6. 目前农村电商发展中有哪些问题

（1）农村电子商务基础设施薄弱

农村电子商务平台是一个涉及多部门、多领域的系统性工程，需要投入大量的人力和物力。目前，我国农村电子商务平台的构建资金来源比较单一，主要依靠政府的财政投入，由于政府财政投入有限，大量的通讯信息技术、信息数据资源库、设备等得不到更新和普及，特别是乡镇一级网络传输线路不畅，出现信息传播断层现象，农业信息传播最后"一公里"现象突出，这在一定程度上阻碍了我国农村电子商务的发展。

（2）农民电子商务运用意识不强

由于受传统农业生产方式影响，再加上农民的文化水平低下，目前，农民对农村电子商务的运用意识并不强烈。近年来，虽然各地区都相应地建立了农村电子商务服务点，并开通了宽带，配上了电脑，但是不少农民由于不懂得如何使用网络，在对农村电子商务的认识上存在局限性和习惯性偏差，对农村电子商务的概念和内容模糊不清，从而最终降低了农民对农村电子商务建设的主观能动性。

（3）农村电子商务服务体系不健全

近年来，虽然各地区在农村电子商务服务模式和服务主体上积极创新，但总的来说还不健全，具体表现为以下几个方面：一是各地区农村电子商务服务质量参差不齐，信息处理、收集、传播的软硬件设备不足，信息的分析、汇总多采取传统方式，电子化程度偏低；二是信息管理缺位现象严重，各地区涉农部门之间信息共享能力差，重复建设严重，甚至对所收集、传播的农业信息的真实性无法保障。

（4）新型农村电子商务服务人才缺乏

农村电子商务是一个涉及多部门、多领域的系统性工程，一支质量高、结构合理、优秀的农村电子商务人才队伍是农村电子商务发展的基础。目前，我国农业信息收集、分析人员严重不足，大量的信息资源无法被有效开发，并且基层农村电子商务服务人员整体素质不高，对计算机网络等现代信息技术的把握能力不强，甚至在部分地区，不仅人才缺乏，还出现人才严重流失的现象。

7. 农村电商的电商扶贫要怎么做

（1）平台：挖掘地区电商潜质

在运用电商对农村地区进行扶贫之前，先要考察该地区有哪些符合电商标准的产业或者产品。比如说，该地区有完整的木器生产链，或者该地区的橘子甜度、个头都远超同类，那么平台就可以依托这些基础，运用互联网思维进行整合。电商平台可以将木器和橘子进行标准化和品牌化生产，放到网上进行跨地区销售，从而增加销量，获取收益。而一旦形成规模，自然可以解决贫困地区的就业和收入问题。

（2）政府：提供配套服务

要实现精确扶贫，首先需要政府对贫困户的情况心中有数，如此

才能根据实际情况决定扶贫的大致方向和轻重缓急。其次，政府要提供农村电商发展所需的配套服务，政策、物流、金融、人才，这些要素缺一不可。最后，政府还要做好居中协调工作。

（3）主体：调动主观能动性

事在人为，业靠人筑。许多贫困户看不到脱贫的希望，因此都消极待业，想要扶贫就必须调动他们的积极性，使他们从被动接受扶贫变为主动要求脱贫。在前期，政府和平台可以给予一定的补贴刺激，鼓励贫困户参与农村电商。而在尝到甜头之后，相信会有更多的贫困户愿意加入电商事业，依靠自己的努力实现脱贫致富。

8. 推动农村电商有哪些亟待解决的问题

（1）认识问题

在城市已经泛滥的互联网思维、电商理念、微营销等概念，至今在农村还是新事物，不要说留守在农村的农民群体对电商处于"乃不知有汉，无论魏晋"的状态，就是一些县乡的干部也是相当陌生，至多知道开淘宝店就是电商了，离真正的电商概念还有相当距离。

（2）政策问题

农业发展，一靠政策，二靠投入，三靠科技。这话用在农村电商发展上，同样适用。在发展明显滞后于城市的农村发展电商，政府的作为十分重要，这也是各地发展县域电商的普遍经验。当前有发展农村电商的政策，但方向与重点仍存在偏差。

（3）物流问题

农村电商，想做的人不少，但真正动起来的却不多，究其原因，物流是一个大瓶颈。农村物流体系，非不能，是不为，具体原因有两个，一是配送成本很高，特别是在非平原地区，成本高过城市数倍，还没有效率；二是返程空载严重，这又抬高了物流成本。出路在哪里？只有降成本。

（4）品牌问题

卖的东西多了，竞争就激烈，如果不能标新立异，就只能采用"杀敌一千，自伤八百"的低价营销套路，这便是当前电商 C 类市场的大致情况。农村的产品进入网络时间并不长，但已经陷入两个泥潭：一是干货品类，像红枣、核桃等，与普通消费品的储藏物流特性差不多，又没有什么大的品牌，于是基本陷入低价营销误区，都干着赔钱赚吆喝的事情；二是生鲜品类，保鲜成本高，物流困难大，损耗率十分惊人，属于看上去发展得很好，毛利率高得惊人，实际亏损程度也是大得惊人。

（5）标准与安全问题

农业不是工业，农产品不是工业品。哲学中有句话，世界上不可能存在两片相同的树叶，套用在农产品上，就意味着不要想象有与工业品一样标准化的农产品。更重要的是，农产品是分散的小农户生产的，更加剧了产品的不标准化程度，可能不同批次的同一农产品都不一样。同时，由于标准化程度低，农产品的安全与信誉就成了大问题。

（6）模式问题

一波又一波的电商热，实际上是热了电商投资。电商投资看什么？说白了，是看模式。农村电商的模式整体还处于混沌状态，路径很不清晰。主要原因有两个，一是农村电商涉及面太宽，几乎要达到电商生态链的再造程度，难度可想而知；二是农村不是城市，农产品也不是工业品，现行的城市与工业品为主的电商模式，农村套用不上。

9. "互联网 + 农业"未来的发展模式有哪些

互联网和具有庞大体系的农业结合，必将出现很多新思路，新玩法，也将有大量非农行业的企业跨界而来。以原有农业企业为主体，以下六种代表未来的经营模式，能够针对目前大多数农业企业现状，弥补短板，推进企业快速发展，更有实操意义。

（1）物联网技术下的工业化种养殖

现在，精准农业已经在一些规模化农业企业得以实现，尤其是在种苗培育、畜禽养殖、中药材种植等产业。实施物联网项目后可实现环境的精准监测、工厂化育苗和水肥一体化，节本增效效果明显。据测算，每亩地一年劳动力投入减少 10 个工作日，生产者劳动强度可降低 20% 左右，年均节约人工费用 20% 及以上。年均节水、节肥、节药 10% 及以上。

需要特别注意的是，这种种养殖模式下，全程可追溯非常容易实现。由于种养殖全过程都处于物联网监测和控制下，同时可进行全程数据采集，目前消费者最关心的安全问题就有了可靠依据。

（2）扁平化物流交易集散模式

互联网信息的扁平化、透明化，与传统农业的产业链长、信息不对称的特点形成对比。传统的层级批发模式带来的成本高、物流损失、交流信息不畅等问题，都可以通过互联网技术快速解决。未来农产品互联网物流交易将出现两种主要方式：

①基于互联网技术和物流配送系统的大型农产品交易集散中心。这种集散中心集储运、批发、交易、拍卖等多种功能于一体，依托互联网数据，实现实时行情交易。

②以大宗交易为主的批发销售电商交易平台。就像阿里巴巴之于淘宝，农产品的大宗消费习惯，必将催生以大宗交易为主的电子交易平台。

（3）农产品品牌化模式

淘宝出现之后，服装等早期触电品类快速涌现了一大批淘品牌。现在，农产品电商进入快速发展期，褚橙、三只松鼠等品牌借助网络营销的力量，快速完成了传统农产品几年才能完成的口碑积累和宣传推广效果。由于农产品整体的品牌缺位，比其他品类具有更大的品牌打造空间，所以，未来品牌农产品电商将有更广阔的市场空间。

同时，由于农产品电商的快速增长，物流成本的高企，目前电商产品还主要集中在中高端产品上，而这类产品有着天然的品牌依赖性，没能完成品牌打造的产品，很难在未来的竞争中获得一席之地。企业在打造品牌过程中，要兼顾农产品的消费习性、文化特色和互联网的个性化、分享性：

①要做有故事、有温度、有情怀的品牌。用故事吸引人，用温度感动人，用情怀留住人。浙江省松阳县枫坪乡沿坑岭头村，生长着182棵百年树龄的野生柿子树，当地人称作"金枣柿"。而经过包装策划之后，这种天然柿子干变成了承载乡愁的"善果"，在网上快速热销，价格也飙升了十几倍。

②网络营销走到现在，品牌打造不一定非要从大传播开始，从身边的真实用户开始，用产品打动人，更能产生自然分享，打造忠实粉丝群。

（4）多形式农产品交易电商平台

目前市场上农产品电商按照销售额可划分为四级梯队：阿里巴巴处于第一梯队，市场规模处于行业领先地位；京东、一号店和中粮我买网为第二梯队的代表，其中京东在第二梯队中规模最大，年交易额已超百亿；第三梯队销售额为 1 ~ 10 亿元；第四梯队的年销售额在 1 亿元以内。

虽然目前阿里巴巴一家独大，第一、第二梯队平台都属于全国性销售平台，但由于农产品无法避开的销售半径特性，垂直电商、区域电商将不断涌现，并形成特色盈利模式。未来农产品电商平台将出现四种：

①依托原有互联网优势扩张到农产品领域的电商平台；

②传统批发市场转型形成的农产品电商平台；

③有实力的农产品企业自主打造的垂直农产品电商平台，并逐步扩张品类；

④个性化高端产品形成的小而美轻模式。

目前，形成成熟盈利模式的电商平台很少，由于农产品的特殊性，很多农产品电商平台在人才、管理、技术上都不成熟，农业企业贸然转型投资，风险较高。

(5) 以数据为基础预测分析及产品开发

农业由于种养殖期长，市场预测偏差大，无论是农民还是农业企业，都很难对第二年的行情做出准确判断。基于大数据支持的市场分析将大大提高市场预判的准确性，降低种养殖企业风险和生产型企业原料成本。

众所周知，每次猪周期的跌宕起伏，都会造成一大批农民和企业的盲目投资和亏损。通过大数据技术，不但可以对猪的生长情况全程监控，还可以有效了解出栏时间、对接商超、预期收益等。养殖企业和屠宰企业都能够有效了解市场行情，让市场有序化。

同时，还可以通过大数据和云计算进行猪周期的预测。利用云计算、大数据对庞大的数据进行研究、分析、判断，研究出一个模型，建立信息系统，对行情的走向进行有效预估和预警，降低猪周期对企业和农民的影响。

基于大数据分析的产品研发，也将大大提高新产品的成活率。每年糖酒会，我们都能看到一大批新推出的食品或加工农产品，但真正能活下来的却聊聊无几，大部分食品企业或者农产品加工企业，对新产品的研发并没有很清晰的市场调研，通常是别人做什么就跟着什么。通过大数据的精准分析和调研，能够更加有效地分析当前消费者真正的需求点，提高新产品的市场生命力。

另一方面，互联网让企业与客户实时沟通成为可能，不少农业企业的微信、微博平台已经获得了良好的粉丝基础。基于成行的粉丝团，进行针对性的产品调研，甚至发挥粉丝的力量参与产品研发，新产品也就有了更好的市场基础。

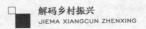

(6) 给农业更多可能的众筹模式

作为热度飙升的互联网金融的一个分支，众筹对很多人来说已不再陌生，但在农业领域运作众筹，尚属新鲜。农业众筹可以发生于整个农业大链条的各个环节，从农业育种、农产品流通、生态农场、农业机械、生物肥料，然后到农业科技、农业金融。

农业众筹与电商存在本质区别。电商单纯是将现成的产品拿到网上卖，而农业众筹则是在产品形成之前就已经有了完整的创意，这种模式包含了更多的内容和可选产品，为用户提供的是个性化的定制服务，是新农业革新的有力手段。

对消费者来说，食品安全溯源系统极有吸引力。此外，在传统农业和农产品流通模式下，农业产品主要是通过"经纪人—产地批发商—销地批发商—零售商"等环节进行销售，繁琐的环节使得农产品的流通成本逐级增加。农产品众筹可实现按需制作，能解决食品安全、信息不对称、产销不对称等问题，还能解决流通环节过多的问题，降低成本。

（二）国内实践

1. 海南省琼中县：创新发展"畜牧产业链共享云平台"

畜牧业是农业链条中最为传统的版块之一，在"互联网+"的大潮下，畜牧业有可能借助互联网创新发展吗？答案是肯定的。海南省琼中县就通过畜牧业产业链共享云平台，走出了一条全国独创的互联网+畜牧业的道路。

海南省琼中黎族苗族自治县地处五指山北麓，是海南岛中部生态保护核心区。近几年来，琼中县委、县政府始终立足实际，突出"打绿色牌，走特色路"总体发展思路，依托琼中的资源、气候和区位三大优势，以农民增收为主线，发展特色产业经济，目前已逐步形成具有区域特色的农业产业格局。特别是畜牧产业，已成为全县农业增效的有机组成部分，成为贫困户（农户）增收致富的重要途径。

为深入贯彻落实农业供给侧结构性改革，大力实施"互联网＋"战略，琼中县畜牧兽医主管部门积极探索互联网＋农业信息化技术，以数据农业分析为基础，

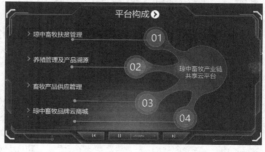

利用畜牧产业链共享平台和畜牧品牌云商城的开发运行，对全县养殖、屠宰、加工和销售等环节进行全产业链整合，引导贫困户（农户）由"多、零、粗"走向产业化、规模化，开拓销售渠道，解决传统农业"小生产和大市场"的矛盾，提高企业带动贫困户发展的能力。

经过前期宣传培训，以"坚持精准扶贫，提高扶贫成效""坚持保护生态，引领绿色发展""坚持群众主体，激发内生动力""坚持因地制宜，创新体制机制"为原则的琼中畜牧产业链共享云平台和畜牧品牌云商城，自项目启动以来，深受广大规模养殖户欢迎和支持，合作社和企业积极参与畜牧业大数据管理平台开发和使用。

目前，共享云平台发挥的作用显著，解决了合作社扶贫信息监管、畜牧生产监管、品牌产品安全溯源、重大疫情预警、畜禽产品屠宰加工、冷链物流配送和畜牧农产品网络销售等问题，养殖户利用品牌云商城宣传推广自己的畜产品，并有效完成了多起销售订单。产业链共享云平台暨云商城自 2017 年 12 月 12 日海南省冬交会开幕当天正式启动运营以来，第一波线下销售开启，660 盒山鸡蛋和绿壳鸡蛋通过云商城下单，完成 2 万多枚鸡蛋交易，覆盖省农业银行海口地区 22 个网点，总价值约 3 万元。目前，琼中县政府和国家海洋局共同创建了琼中海洋极地大洋科考副食品供应保障基地，国家海洋局南海分局、东海分局、极地中心和商城会员等单位分别从该基地采购了总价值 15.45 万元的畜产品，成功帮助 5 家合作社的 75 户贫困户共 250 人提高养殖收入。

2. 浙江省遂昌县：构建新型电子商务生态

浙江遂昌在 2012 年时全县电商交易已达 1.5 亿元，2013 年 1 月淘宝网遂昌馆上线，2014 年赶街项目启动，全面激活了农村电商。初步形成了以农特产品为特色、多品类协同发展、城乡互动的县域电子商务"遂昌现象"。在初期的"遂昌现象"之后，遂昌探索的步伐并未停止，逐渐提升为"遂昌模式"，即以本地化电子商务综合服务商为驱动，带动县域电子商务生态发展，促进地方传统产业特别是农产品加工业，"电子商务综合服务商＋网商＋传统产业"相互作用，形成信息时代的县域经济发展道路。

紧跟着，遂昌"赶街"项目地推出，推开了农村电商的破局序幕，赶街的意义在于：打通信息化在农村的最后一公里，让农村人享受和城市一样的网购便利与品质生活，让城市人吃上放心的农产品，实现城乡一体。

启示： 多产品协同上线，以协会打通产业环节，政府政策扶持到位，借助与阿里巴巴的战略合作，依靠服务商与平台、网商、传统产业、政府的有效互动，构建新型的电子商务生态，可以助力县域电商腾飞。

3. 浙江省丽水市：打造区域电商服务孵化器

县域电商某种程度上就是一个栽梧桐的过程，有梧桐才能有凤凰，丽水的梧桐工程就是全力打造区域电商服务中心，帮助电商企业做好配套服务，让电商企业顺利孵化并成长壮大，这是丽水农村电商的最大特点。

电子商务服务中心具备四大功能：主体（政府部门、企业、个人）培育、孵化支撑、平台建设、营销推广。承担了政府、网商、供应商、平台等参与各方的资源及需求转化，促进区域电商生态健康发展。

启示： 丽水的建设模式为"政府投入、企业运营、公益为主、市场为辅"，要把政府服务与市场效率有效结合，吸引大量人才和电商主体回流。

4. 河北省清河县：摒弃传统＋顺势而为

在河北清河，"电商"是最具特色的商业群体，清河也成为了全国最大的羊绒制品网络销售基地。全县淘宝天猫店铺超过2万家，年销售15亿元，羊绒纱线销售占淘宝7成以上，成为名副其实的淘宝县。

而在之前的传统产业时代，河北清河羊绒产业在竞争中近乎一败涂地。2007年，清河开始在淘宝卖羊绒并获得意外成功，随即一发不可收。在基础设施建设方面，该县不断加大力度，目前电子商务产业园、物流产业聚集区以及仓储中心等一大批电子商务产业聚集服务平台正在建设之中，清河正在实现由"淘宝村"向"淘宝县"的转型提升。

启示： 在暴发中顺势而为，一是协会＋监管＋检测，维护正常市场秩序；二是孵化中心＋电商园区，培训提高，转型升级；全线出击，建成新百丰羊绒（电子）交易中心，吸引国内近 200 家企业进行羊绒电子交易；三是建立 B2C 模式的"清河羊绒网"、O2O 模式的"百绒汇"网，100 多家商户在上面设立了网上店铺；四是实施品牌战略，12 个品牌获中国服装成长型品牌，8 个品牌获得河北省著名商标，24 家羊绒企业跻身"中国羊绒行业百强"。

5. 山东省博兴县：新农村包围城市

当 2013 年全国只有 20 个淘宝村的时候，山东博兴一县就有两个淘宝村，这是耐人寻味的现象。2013 年两个村电商交易 4.17 亿元，一个做草编，一个做土布，博兴县将传统艺术与实体经营和电子商务销售平台对接，让草柳编、老粗布等特色富民产业插上互联网翅膀，实现了农民淘宝网上二次创业。

作为全国草柳编工艺品出口基地，博兴淘宝村的形成可谓自然长成，这里不仅货源充足，而且质量和口碑一直不错，电商门槛和成本都不高，更是易学和模仿。淘宝村的成功，进一步推动了本县传统企业的网上转型，目前全县拥有 3 000 多家电商，从业人员超过 20 000 人，80% 的工业企业开展了网上贸易。

启示：一是传统外贸要及时转型；二是要发挥人才的关键作用；三是产业园区需线上相结合；四是政府要进行及时引导与提升。

6. 浙江省海宁市：电商倒推产业转型

海宁是全国有名的皮草城，也一直追随网络的步伐推动电商发展。到 2012 年底海宁网商（B2C／C2C）已经超过 10 000 家，新增就业岗位 40 000 余个，网络年销量破百亿大关。

目前全市从事电子商务相关企业共有 1 500 余家，网商达 20 000 家以上，注册天猫店铺 780 家，占嘉兴市天猫店铺总数的 40% 以上；上半年，全市实现网络零售额 51.98 亿元、同比增长 11% 以上，成功创建"浙江省首批电子商务示范市"和"浙江省电子商务创新样本"，

列"2013年中国电子商务发展百佳县"榜单第3位。

启示：以电商推动转型升级，一要引进人才，转换思维（烧钱后的反思）；二要对接平台，整体出击（稳固国内，加强跨境）；三要加强监管，保护品牌；四要园区承载，强化服务（六大园区先后投建）；五要提升管理，升级企业（现代企业为主体）。

7. 甘肃省成县：领导挂帅打造网络品牌

甘肃省成县县委书记李祥，在当地核桃上市前，通过个人微博大力宣传成县核桃："今年核桃长势很好，欢迎大家来成县吃核桃，我也用微博卖核桃，上海等大城市的人都已开始预订，买点我们成县的核桃吧"，该条微博被网友转评2 000余次。

从建立农村电子商务，到微博联系核桃卖家，甚至展示成县核桃的多种吃法，在之后的日子里，李祥的微博内容没有一天不提到核桃，被网友戏称为"核桃书记"。

在李祥的带动下，全县干部开微博，还是卖核桃，成立电商协会，还是卖核桃，夏季卖的是鲜核桃，冬季卖的是干核桃。同时，成县正在上线核桃加工品，试图以核桃为单品突破，打通整条电商产业链，再逐次推动其他农产品电商。

启示：一是将电商作为一把手工程，主导电商开局；二是集中打造一个产品，由点到面；三是集中全县人力物力，全力突破。

8. 吉林省通榆县：政府当先重视网络营销

吉林省通榆县是典型的农业大县，农产品丰富，但受限于人才、物流等种种因素。通榆政府根据自身情况积极"引进外援"，与杭州常春藤实业有限公司开展系统性合作，为通榆农产品量身打造"三千禾"品牌。同时配套建立电商公司、绿色食品园区、线下展销店等，初期与网上超市"1号店"签订原产地直销战略合作协议，通过"1号店"

等优质电商渠道销售到全国各地，后期开展全网营销，借助电子商务全面实施"原产地直销"计划，把本地农产品卖往全国。

值得一提的是，为解决消费者对农产品的疑虑，通榆县委书记和县长联名写了一封面向全国消费者的信——"致淘宝网民的一封公开信"，挂在淘宝聚划算的首页，这一诚恳亲民的做法赢得了网友的一致称赞，很大程度上提振了消费者对于通榆农产品的信任感。

启示：政府整合当地农产品资源，系统性委托给具有实力的大企业进行包装、营销和线上运营，地方政府、农户、电商企业、消费者及平台共同创造并分享价值，既满足了各方的价值需求，同时带动了县域经济的发展。

四、乡村旅游

（一）答疑解惑

1. 乡村旅游有哪些内涵

乡村旅游是以旅游度假为宗旨，以村庄野外为空间，以人文无干扰、生态无破坏、游居和野行为特色的村野旅游形式。

随着乡村旅游的迅速发展，近几年围绕乡村旅游提出很多原创新概念和新理论，如游居、野行、居游、诗意栖居、第二居所、轻建设、场景时代等。新概念和新理论的提出使乡村旅游内容丰富化、形式多元化，有效缓解了乡村旅游同质化日益严重的问题。

以往乡村旅游是到乡村去了解一些乡村民情、礼仪风俗等，也可以观赏当地种植的一些乡村土产（水稻、玉米、高粱、小麦等）、果树、小溪、小桥等并了解它们的故事。游客可在乡村（通常是偏远地区的传统乡村）及其附近逗留、学习、体验乡村生活模式。村庄也可以作为游客探索附近地区的基地。乡村旅游的概念包含了两个方面：一是发生在乡村地区，二是以乡村性作为旅游吸引物，二者缺一不可。

2. 我国乡村旅游当前呈现哪些特点

中国是个农业大国，农村人口依然占人口总数的近70%，即使是城里人也有着浓厚的农村情结。我国的乡村旅游起步较晚，但已引起人们的广泛重视和极大兴趣。乡村旅游的特点是：

（1）游客的一切旅游活动均发生在"乡村"这一特定的区域环境内。

（2）旅游资源应是乡村已开发的和待开发的，原生的或再生的，属集体的或个人所有的各类自然、社会资源。

（3）旅游资源、旅游设施、旅游服务具有比较浓厚的地方特色、乡村特色、民族特色。

（4）为游客提供各种服务的从业人员包括管理人员，应该以经过培训的农业人口为主。

（5）乡村旅游经济兼有乡村集体经济和乡村个体经济成分，它纳入乡村经济核算体系，有些核算内容可虚拟地纳入整个国家旅游经济统计，以反映我国旅游事业的发展。

3. 乡村旅游发展有哪些背景

我国乡村旅游的发展是供给与需求两方面因素共同推动的结果，从供给的角度来看，主要是农村产业结构调整的需要；从市场需求的角度来看，主要是城市化进程加快的结果。

20世纪80年代，随着农村产业结构的调整，以及农业观光旅游项目的设计与开发，使乡村旅游成为农村地区发展旅游业的重要渠道，并为第一与第三产业的结合找到了一个重要的切入点。随着生态旅游的展开，农家旅馆在我国经济发达地区悄然兴起，并成为乡村度假的重要承载。乡村旅游实现了从观光到度假旅游方式的升级，并成为我国广大农村发展第三产业的一条重要途径。

伴随着我国国内旅游业的蓬勃兴起和大众观光旅游产品的多元化发展，尤其是国家旅游局将1998年确定为我国生态环境主题年的举措，极大地推动了乡村旅游的兴起。从市场需求角度而言，游客选择乡村旅游的动机主要有：

（1）回归的需求

随着城市化进程的加快，久居喧嚣城市的人们产生了对田园风光和乡村宁静生活的回归需求，向往"住农家屋，吃农家饭，干农家活，享农家乐"的意境体验。

（2）求知的需要

现代社会的城市少年儿童普遍缺乏对农村、农事生产、农民生活的了解，乡村旅游作为重要的修学旅游方式，受到学校、家长和学生的欢迎。

（3）怀旧的需要

怀旧是人类的共同特征，旧地重游的游客对于目的地的选择具有明确的指向。例如所谓的"知青情节"，就已经成为推动乡村旅游发展的重要因素。

（4）复合型需要

人们的旅游行为往往是多种动机共同作用的结果，乡村旅游也不例外。游客选择乡村旅游，有的可能出于求新、求异、求美、求乐的需要，有的可能出于身心调解的需要，有的可能出于美食或购买土特产品的需要等。

4. 乡村旅游近年来呈现哪些发展趋势

（1）推进社会主义新农村建设

在工业化城镇化深入发展中同步推进农业现代化，必须坚持把解决好农业、农村、农民问题作为工作的重中之重，统筹城乡发展。加强社会主义新农村规划建设，完善农村基础设施和公共服务设施，开展农村环境综合整治，建设农民幸福生活美好新家园。

（2）大棚生态餐厅、农家乐、农家大院、民俗村、垂钓鲜食等

带动了观赏经济作物种植、蔬菜瓜果消费、家禽家畜消费、餐饮住宿接待、民俗文化消费的全面发展，同时把第三产业引入农村。

（3）农村景区化

乡村风貌成为旅游本底，用景观的概念建设农村，用旅游的理念经营农业，用人才的观念培育农民，将乡村装点成旅游度假圣地；乡村民居成为观光体验产品，乡村民居与本地资源及文化特色相结合，形成产业型、环保型、生态型、文化型、现代型发展思路。

（4）农民多业化

乡村旅游的发展可以使农民以旅游为主业、种植为副业；农民可以从务农转变成农商并举，农户可以独立经营，也可以形成私营企业。

（5）资源产品化

把农村的生产、生活资料转换成具有观光、体验、休闲价值的旅游产品，并且在一定区域内要差异化发展。具体有田园农业旅游、民俗风情旅游、农家乐旅游、村落乡镇旅游、休闲度假旅游、科普教育旅游等模式。

5. 开发农村旅游有哪些作用和意义

乡村旅游将成为未来我国旅游市场发展的一大亮点。大力开发乡村旅游市场，具有十分重要的作用和意义：

（1）有利于加强城乡文化交流，改变农业生产落后的观念

通过城市居民的参与活动，把先进的科技知识带到乡村，有利于科技推广；城市居民可以亲身了解和体验农村生活；游客的观光活动将有利于促进农业生产者封闭保守思想的改变，形成市场意识；通过对观光农业基地的管理，可以提高管理水平和适应市场的能力，实现土地的合理开发和经营多样化，提高用地效益。

（2）改善环境，提高生活质量

观光农业不仅以农业生产方式、多种参与活动、民俗文化等吸引游客，而且以优美的环境给游客以美的享受。因此，植树种草、美化环境是必要的投入，在客观上起到了保护环境的作用，特别是在水土流失严重的地区，意义更大，对于我国发展生态旅游也有促进作用。在台湾，观光农业注重发展"三生"农业，即把农业的发展引向"生产、生活、生态"相结合，平衡发展，达到生产企业化、生活现代化和生态自然化。

（3）有利于进一步刺激消费，充分发挥旅游业在扩大内需方面的作用

消费不旺、需求不足是我国当前和今后相当长一段时间内经济生活中的一个十分突出的问题，进一步刺激各方面的消费，扩大有效需

求，对于促进我国经济持续稳定增长具有重要的作用。旅游业由于关联性强，带动能力强，因此扩大消费需求的作用十分明显。可以说，充分发挥旅游业在刺激消费、扩大内需中的作用，既是旅游产业自身发展的需要，又是时代赋予旅游业新的历史使命。要进一步发挥旅游业在这方面的作用，充分挖掘潜在的游客市场，扩大游客队伍是一个重要的方式和途径。目前通过发展乡村旅游来激活乡村市场，刺激消费，扩大内需，成效将会十分显著。

(4) 有利于扩大旅游产业规模，推进我国世界旅游强国建设步伐

新的时期，我国旅游业提出了要实现由亚洲旅游大国向世界旅游强国跨越的目标，要实现这一宏伟目标，壮大旅游产业规模和进一步提升旅游产业素质必不可少。而大力加强乡村旅游市场开拓，对推进我国旅游强国建设将大有裨益。随着我国全面小康社会建设的不断加快，人民收入水平的逐步提高，不断扩大的乡村旅游市场对壮大我国旅游经济规模会起到巨大的积极作用。

(5) 有利于农村产业结构的调整和农业产业化发展，促进农村剩余劳动力问题的解决

我国农业仍然是以种植业为主，农业结构不合理，农村第三产业比例太小，农业经济效益低下。发展乡村旅游必然带动乡村商业、服务业、交通运输、建筑、加工业等相关产业的发展，带动产业结构的调整。同时，乡村旅游的发展必然引起区域农业产品特色化，有利于形成对产品的加工、储藏、运输和销售系列化，促进农业产业化发展，增加就业机会，进一步解决农村剩余劳动力的就业问题。

6. 发展乡村旅游能给农民带来什么好处

(1) 可以充分利用农村旅游资源，调整和优化农村产业结构

拓宽农业功能，延长农业产业链，发展农村旅游服务业，促进农民转移就业，增加农民收入，为新农村建设创造较好的经济基础。

（2）可以使农村自然资源、人文资源增加价值

同时，也使农村生产的农副产品就地消费，降低了运输成本，提高了市场价格，促进农民增收。

（3）可以使农村自力更生，靠自身力量得到发展，进而减少国家对农村的扶持资金

同时，通过参与投资、经营旅游业，可增加农民的可支配收入，实现"生活宽裕"的目标。

（4）可以促进城乡统筹，增加城乡之间的互动

城里游客把城市的政治、经济、文化、意识等信息辐射到农村，使农民不用外出就能接受现代化意识观念和生活习俗，提高农民素质。

（5）可以挖掘、保护和传承农村文化

能够以农村文化为吸引物，发展农村特色文化旅游。同时，通过旅游可以吸收现代文化，形成新的文明乡风。

（6）有利于保护乡村生态环境

旅游对于环境卫生及整洁景观的要求，将大大推动农村村容的改变，推动卫生条件的改善，推动环境治理，推动村庄整体建设的发展。旅游追求个性化、特色化、原生态、唯一性等，形成了旅游村庄的独特面貌和村容，是打破目前新农村建设中千村一面的最佳模式。可以说，发展农村旅游，有利于农村乃至全国加快建设资源节约型、环境友好型社会，有利于保护资源和环境，促进农村科学规划与基础设施建设，实现"村容整洁"的目标。

（7）有利于实现"管理民主"的目标

在发展乡村旅游的过程中，借鉴国外先进经验，提高旅游业在当地社区的参与度。在尊重农民意愿的前提下进行农村建设，提高当地农民的民主、法治意识，实现"管理民主"的目标。

7. 乡村旅游开发，容易出现哪些问题

（1）对乡村旅游层面理解不深，概念混乱

观光旅游，严重地降低了乡村旅游的丰富性，掩盖了乡村旅游所包含的其他类型。许多乡村旅游景区多以单纯的农业观光为主，多数乡村旅游产品未能真正体现乡村旅游的各个层面，有的甚至歪曲了乡村旅游的内涵，影响了产品的吸引力。

（2）各自为政

在乡村旅游开发和经营中普遍存在各自为政的现象，资源与资金没有形成有效合力。乡村旅游普遍存在规模小、经营者品牌意识淡薄的现象。在乡村旅游开发中片面强调对乡村自然资源的开发，而忽视了乡土文化、乡村民俗等文化内涵开发，造成了对乡村旅游文化狭义和片面的理解，忽视了对农村其他资源的开发和利用。

（3）缺乏规划和策划

由于资金缺乏，没有对旅游资源进行论证、规划和策划就匆忙上马，开发中只重规模，不讲质量，粗制滥造。许多乡村旅游开发存在较大的盲目性，只考虑当前，不顾长远，有的乡村旅游开发本身就是一种破坏。此外部分乡村在开发乡村旅游时，人工痕迹过于明显，农村旅社建成高楼大厦，城市化倾向严重，影响乡村旅游的特色。

（4）人才匮乏

由于乡村旅游的开发和研究均处于较低层次，针对乡村旅游的经营管理人员相对较少，对乡村旅游从业人员缺乏系统有效的培训。在实际的乡村旅游操作中，许多乡村旅游区的管理人员由村干部兼任或由当地农民担任。乡村旅游管理人员和从业人员素质普遍低下，造成了乡村旅游的迅速发展与低素质乡村旅游经营管理人员和从业人员之间的矛盾；乡村旅游处于粗放经营，形成轻管理、低质量、低收入的恶性物循环中，从而严重制约了中国乡村旅游业的发展。

（5）开发产品特色少、雷同多

目前国内乡村旅游多集中开发休闲农业和观光农业等旅游产品，而对乡村文化传统和民风民俗资源的开发重视不够。乡村旅游的开发过分地依赖农业资源，缺乏文化内涵，地域特色文化不突出。此外，中国还存在乡村旅游产品雷同多，缺少特色产品，整体接待水平偏低，配套设施不完善等现象。

8. 如何设计开发乡村旅游

（1）增强乡村旅游的文化内涵

在开发乡村旅游中，要通过系统规划，有机整合乡村旅游资源，认真科学地策划好旅游开发项目。同时还要加强文化内涵建设，以乡土文化为核心，提高乡村旅游产品的品味和档次。加强乡村旅游的文化内涵挖掘有利于改变目前我国乡村旅游产品结构雷同、档次低的状况。在开发和设计乡村旅游产品项目的过程中，要在乡村民俗、民族风情和乡土文化上做好文章，使乡村旅游产品具有较高的文化品位和较高的艺术格调。

（2）保持本色，突出特色

对乡村旅游的开发，要注意保持乡土本色，突出田园特色，避免城市化倾向。乡村旅游在开发中要注重对原汁原味的乡村本色进行保护。因而对乡村旅游开发要加强科学引导和专业指导，强化经营的特色和差异性，突出农村的天然、纯朴、绿色、清新的环境氛围，强调天然、闲情和野趣，努力展现乡村旅游的魅力。

开发乡村旅游要与其他旅游开发相结合，与农村扶贫相结合，与小城镇建设相结合，与资源保护和主打生态个性相结合。

（3）树立品牌

全国各地城市近郊都在花大力气发展乡村旅游，争夺客源的竞争非常激烈。乡村旅游要在当地政府的引导下实现联合经营，以群体的

力量形成规模效应，创立品牌，增加市场竞争力，走规模化和产业化的道路，实现乡村旅游可持续发展。

（4）加强社区参与和对农民的培训引导

开发乡村旅游要将农业、农民和乡村发展高度结合起来，使旅游业成为乡村社区重要的产业。在开发乡村旅游中农民具有不可忽视的作用，要把开发乡村旅游做活、做大、做好，就得加大社区参与力度，加强对农民的培训和引导工作，激发农民办旅游的积极性，提高农民办旅游的能力，努力开拓乡村旅游的本土特色增强旅游收益，使广大农民真正受益。

9. 乡村旅游具体有哪些类型

以乡村旅游体现出的特点作依据，可细分为以下 8 类：

（1）**乡村民俗型**

指以乡村民俗风情为载体所开展的旅游活动，内容包括地方特有的风俗和风物。乡村民俗又分岁时、节日、婚姻、生育、寿诞、民间医药、丧葬、交际、礼仪、服饰、饮食、居住、器用、交通、生产、职业、民间工艺、宗教、社会、娱乐、信仰、祭祀、巫卜、禁忌等近 20 类。拥有这些民俗资源的乡村，可以利用自身优势，发展民俗旅游。

（2）**乡村传统农业类**

乡村旅游的限定范围主要是在农村，因此这种旅游与农业生产、农业发展过程等密不可分。但农业类旅游有传统与现代农业两大类，故作为传统乡村旅游模式之一，它的类型则特指旧式的农业生产观光活动，如旧式的农业生产过程、农耕文化、农民劳动生活场景等。

（3）**古村古镇类**

这一类指以古村落、古建筑、古民居、古乡村环境氛围为观赏、观光、观看、观览、观展、观研载体的旅游活动。

(4) 乡村风水或风土类

旧时许多乡村是以特有的地理环境和风水结构发展起来的，有的是依据风水理论经过精心设计选址和建设的，有的是依据真山真水环境自发形成的，如利用不同的地形、水道形成多种排水、给水、避寒、避风、采光、交通等合理的村落空间布局形式。乡村旅游规划专家—铭智旅游策划。这对发展乡村环境旅游、科学旅游、体验旅游、文化考察和研究活动均具有重要的现实意义。

(5) 乡村土特产类

品尝、购买乡村土特产是城市或外地游客进入乡村旅游的重要目的之一。土特产包括乡村生产、生活用品、乡村风味食品、乡村手工艺品、乡村名特产等。这些物品大多都有广泛的销售市场和固有的品牌形象，历史形成时间长，产品有较固定的风格和工艺水准，因此信誉度、特色度、知名度比较大，游客对土特产品的认知是发展这类乡村旅游的重要驱动力。

(6) 乡村休闲娱乐类

从需求供给角度，大多离城市较近的乡村为城市居民在假日或闲暇时间提供了优良的休闲、度假、娱乐等场所设施，如农家乐、渔家乐、牧家乐、家庭旅馆、乡村旅店等。

(7) 乡村名胜类

指依托本村或与之相邻的历史文化或山水名胜资源开发的乡村旅游模式。这类旅游的特点是"借景"，即借老祖宗和大自然给后代留下的古迹和名胜。这种模式的功能主要是观光，通过其他特色景观来带动当地乡村旅游。北京的门头沟潭柘寺村、怀柔慕田峪村、房山周口店村等就是借助附近的名胜古迹和自然风光发展为乡村旅游目的地的。

(8) 乡村红色旅游类

此类指拥有红色旅游资源，并利用此优势发展以红色旅游为主题、

进行爱国主义传统教育的乡村旅游活动。这类旅游符合我国政治、经济、社会发展的需要，现在已有大量乡村旅游点正在全力开发这类旅游产品，并形成乡村旅游的一大热点。

10. 当前的中国乡村旅游发展有哪些趋势

(1) 规模壮大，结构优化

近年来，我国积极引导和培育了一批农、林、渔业的资源优势和乡村风土民俗吸引游客，为游客提供观光、运动、休闲、娱乐、餐饮、住宿、购物等综合服务的乡村旅游点。使旅游业充分切入农业，实现了与"三农"的直接对接，有力地带动了农村的发展。目前，我国的乡村旅游点已发展成为全国旅游业的重要组成部分，游客接待人数近全国旅游业接待人数的1/10。农村的产业结构格局发生了深刻的变化，田地里的产品变成了旅游商品销售，绿色蔬菜、水果成为市场的宠儿，甚至在田地里耕作、采摘，体验磨米、磨面都变成了旅游活动。这一切变化，极大地激发了农民转变固有观念，调整产业结构，积极发展乡村旅游的信心。为"三农"问题的充分解决，探索出一条成功的途径。

(2) 乡村旅游与文化旅游相结合

随着人们出游观念的转变，集休闲与求知于一体的旅游度假方式已成为新的时尚。我国适应这一发展趋势的需要，发动和扶植有条件的乡村发展乡村旅游活动，利用乡村特有的文化，独特的生活方式吸引游客，为游客提供越来越丰富的旅游产品。我国民族众多，各地自然条件差异悬殊，各地乡村的生产活动、生活方式，民情风俗、宗教信仰、经济状况各不相同。就民族而言，我国有55个少数民族，这些少数民族，或能歌、或善舞、或热情奔放、或含蓄内在，或以种植为主，或以游牧为生，或过着原始的渔猎采集生活，或以独特的生活习惯世代繁衍生存。这些为游客深入领略中华风情，探索人类社会的进化历程，提供了极其丰富的资源。再以盛行于我国乡村传统的节日为例，汉族有春节、元宵节、清明节、端阳节、中秋节、重阳节，藏族有浴佛节、雪顿节，苗族有"赶秋"，彝族有火把节，壮族有歌墟，傣族有泼水节，信仰伊斯兰教的民族有开端节、古尔邦节等，五彩纷呈，令人神往。传统的云南大理白族三月街，景洪族泼水节，贵阳苗族四月八，内蒙古蒙族的"那达慕"，丽江的龙王庙会等都是深受中外游客欢迎的乡村民情风俗旅游资源。另外，盛行于我国农村的游春踏青、龙舟竞渡、摔跤、赛马、射箭、斗牛、荡秋千、赶歌、阿西跳月等各种民俗活动都具有较高的旅游开发价值。

我国的乡村具有美丽的风光、良好的生态环境，往往分布在没有工业污染的贫困的山村，而这些山村又是中国独特、神秘的民族民间文化遗产的保留地，各民族的生活方式与生产方式中蕴藏着久远的历史传统与多样性的原生文化。乡村文化的多样性，不仅有民族特色，而且有地域特色，因此深深地吸引着国内外游客，使旅游接待大大增加。

（3）设施逐步完善

我国乡村旅游区接待服务设施具备了一定的规模，均已具备旅游交通指示牌、停车场、旅游厕所、游客中心、标志牌等硬件设施。交通道路问题也很大程度上得到了解决。公路越来越平坦，极大地缩短游客在路上所耽误的时间。公路也连接到各乡各村，大大提高了乡村的可进入性，也为自驾车旅游提供了方便。如贵州已实现村村通公路，极大地促进了贵州乡村旅游的发展。各乡村旅游点实现了统一规划、统一布局，整齐划一。许多乡村旅游点建起了乡村度假别墅、农家饭庄、售货点等旅游服务设施，满足了人们回归自然、返璞归真的个性化需求，延伸了旅游产业链条，扩大了乡村旅游经济内涵，增强了乡村旅游业的发展后劲。与此同时，我国还不断探索切合农村实际的乡村旅游管理模式，逐步积累了成功的管理经验。

（4）乡村旅游后劲十足

乡村旅游后劲十足，已建成的乡村旅游区（点）正积极追加投资，扩大经营规模。新开发的乡村旅游项目也在竞相开工，抓紧建设。全国兴起了乡村旅游的热潮，乡村旅游以"离土不离乡"的形式为农民提供了新的就业门路。河北省秦皇岛市乡村旅游直接从业人员达15 000人，促进了农村剩余劳动力的就地转移，缓解了农村人口转移的巨大压力。望峪山庄景区建成后，外出打工村民纷纷返乡从事旅游开发，村民的就业门路扩宽了，直接收入也得到了相应增长，村民年人均收入由2 000元增长到了5 500元，土地年租金由每亩100元增长到了1 000元。相对于外国，中国的农村还处于落后的状态，这使得中国的乡村还保持着原来的风貌。而许多西方发达国家的游客前来我国旅游的动机，虽名目繁多，但仍可以发现其中的一个重要热点，即是仰慕中国悠久的游牧、农耕文明史以及围绕此而产生的不胜枚举的名胜古迹。他们认为最能拿得出富有吸引力的旅游产品——诗意绵绵、古朴淳厚的田园之美，以满足他们返璞归真的愿望的"回归自然"的旅游意向应首推中国。由此，我们应认识到，乡村景观，是一种独特的旅游资源，具有自然与人文并蓄的特色。这是自然和悠久的历史、发达的农业赋予我国的一笔宝贵的财富，为我国发展乡村旅游提供了巨大的后天优势。

（5）建设农村新面貌

乡村旅游在城乡之间架起了文化传播的桥梁。城市居民在乡村旅游活动中感受到了农村生活风貌，同时也传播了城市文明，农民群众在旅游服务实践中开阔了视野，学习了先进的经营理念和生活方式，文明程度得到了显著提高，村容村貌更加干净整洁，环境条件逐步改善，人们的精神面貌也发生了可喜的变化。开展乡村旅游，对缩小城乡差别，统筹城乡发展，实现人与自然的和谐发展起到了积极的推动作用。

11. 4.0 时代乡村旅游怎么搞

(1) 乡村价值的解读与重塑

旅游导向下的乡村规划，以发现和重塑乡村价值为根本出发点，在全面解读乡村文化价值、生态价值、产业价值、美学价值的基础上，寻找和探索乡村复兴的核心战略与独特路径。

①文化价值：乡村中保存的老宅大院与历史遗址，乡村中流传的美丽传说，乡村中独特的手工技艺和传承手艺的老艺人，乡村中丰富的农耕文化、饮食文化和民俗活动，都是体现乡村文化价值的重要载体。

②生态价值：乡村的生态价值在于原生的乡土自然，由村落及村落周边的古树池塘、水系湿地、田园山林等共同构筑的乡土生态系统。

③产业价值：乡村中出产的有机绿色农产品、林果、茶，制作的精美竹编、草编工艺品等手工艺品，都是乡村产业价值的重要体现，也是乡村旅游业发展的重要依托资源。

④美学价值：和谐有序的乡土肌理、依法自然的民居格局、与山水和谐的乡村色彩、精美讲究的民居建造工艺，是蕴含着中国传统生活艺术的乡村美学空间。

(2) 微创式的乡村空间整理改造

旅游导向下的乡村规划，一般不采取"大拆大建"建设模式，而是倡导通过"微创式"的乡村空间整理与改造，在保留传统格局与肌理的基础上，重新构建民居院落空间、文化景观空间、公共服务空间、休闲游憩空间等多元化的乡村空间体系，实现居游共享的乡村格局再造。

①民居院落空间：注重对典型传统民居的整体保护，同时新民居建设延续传统民居风格，色彩、建材的选择与整体村落协调一致；强调闲置民居院落的旅游化、度假化利用。

②文化景观空间：注重对村落内的宗祠、古井、戏台等传统文化

空间的修复整理，并重新赋予文化景观与文化活动功能。

③公共服务空间：嵌入乡村肌理之中，服务于旅游发展的小型公共服务空间，包括停车场、休闲商业区、游客集散区等。

④休闲游憩空间：依托田园、山地、林场、湿地、河流等自然空间，打造休闲农场、自然学堂、乡村营地等具有休闲体验功能的新型空间。

（3）尊重传统又独具设计感的产品与体验转化

旅游导向下的乡村规划，强调对传统本真文化的保护和传承的同时，也注重通过设计、导入，实现乡村传统资源的创意转化，衍生乡村民宿、乡村度假酒店、乡村艺术沙龙、休闲农场、乡村营地等多种业态，将传统村落空间变成一个有趣而时尚的创意聚落。

（4）以旅游业为核心的乡村产业全面升级

旅游导向下的乡村规划，注重通过乡村旅游发展，联动传统农业、渔业、林果业、特色养殖业、农产品加工业等乡村多种产业，一方面，衍生和孵化新型产业业态，促进乡村产业整体升级；另一方面，通过包装设计，开发高端创意农产品品牌，提升传统农产品附加值，增加乡村产业效益。

（5）围绕旅游服务业的精准扶贫方式构建

旅游导向下的乡村旅游规划，注重以旅游开发为切入点，创新扶贫方式，并对不同层次、不同能力的村民群体进行细致研究，制定精准旅游扶贫策略，发挥乡村旅游富民惠民功能。

12. 基层政府怎样促进乡村旅游产业可持续发展

（1）建立乡村旅游产业赖以生存的政策环境

①要从产业政策、税收政策、金融政策等方面营造有利于乡村旅游发展的外部条件，乡村旅游的农业性质完全可以充分利用上述政策优惠，引导扶持当地农民深度参与生态旅游项目开发；

②要吸引发达企业、发达地区企业、甚至外资企业开办生态旅游

实体；

③有的乡村旅游项目，要减轻经营者的负担，取消一切不合理的收费，营造法制化的有序的经营环境；

④应当将乡村旅游纳入当地整体旅游规划和管理的范畴，加强分类指导。通过整体旅游规划的制订，把乡村旅游的发展纳入到科学化、规范化的框架下，可以避免许多不必要的盲目投资和重复建设，能够大大提高投资的效率。

⑤必须发挥依靠市场配置资源的基础性作用，避免政府大包大揽，要充分调动市场各主体的积极性，使乡村旅游在经营上更加灵活多样，在机制上更加充满活力，在服务上更加贴近市场需求。

（2）坚持可持续发展的原则，兼顾生态、人文、经济、社会发展等多方面的效益。在从事乡村旅游的开发和经营过程中，应坚持几个原则

①要正确处理经济效益与生态效益的关系，按照均衡兼顾的原则，对开发和经营行为进行规范，努力形成经济效益与生态效益互相促进的良性发展格局。

②正确处理旅游开发与耕地保护的关系，优先发展不占或少占耕地的休闲农业项目，要在节约、集约上下工夫，要充分利用现代农业园区、现代设施农业示范区等集中型农业园区开发农业旅游项目，利用大型农业设施发展休闲旅游农业。努力走出一条既促进乡村旅游发展，又节约资源的发展道路。

③要正确处理农民主体与社会参与的关系，坚持以农为本、农民主体的基本原则，建立健全保护农民利益的机制体制。突出农民主体地位，拓宽社会参与、支持的途径和方式，培育或者引进新型农民群体，引导人才、资金、土地等要素流向休闲农业，实现乡村旅游上水平、上层次、上规模和可持续发展。

（3）坚持因地制宜的原则，循序渐进地推进乡村旅游发展。在具体实践中

①坚持特色化的发展道路，要在生态和人文的结合上下工夫，把自然资源与风土人情和民俗文化整合起来，走出一条一园一品、一区一景的差异化发展道路。

②必须坚持循序渐进的原则。农业旅游概念应该先农后游，以农、林、牧、渔、种、养带动食、住、行、游、购、娱，先完善农业项目而后植入旅游休闲项目，各元素均衡发展、相互匹配才能使消费者产生满意的体验。

③大型园区发展休闲旅游农业，要加强社区参与，可以考虑设立农业社区，成立合作社，加强管理、协调与监督。

（4）加快建立健全乡村旅游产业各类人才的教育培训体系。农业休闲旅游产业是典型的服务业，对从业者的要求远高于传统农业。通过发展乡村旅游产业，必将促进我市农民的综合素质发生一次质的飞跃。具体做法如下

①吸引乡村旅游的规划、管理、经营等方面的高级人才。

②选择农业、旅游、管理等培训机构，大力开展乡村旅游管理和服务人员培训，加大对普通从业人员培训投入力度，扩大培训规模。

③运用现代传媒技术在培训方面的优势，做好远程培训，充分发挥信息化对乡村旅游发展的支撑和促进作用。

（5）着力推进乡村农业休闲旅游转型升级

①吸收和引进国外的成功经验。国内目前以民俗村、采摘园、观光农园、渔家乐、农家乐等为主的乡村旅游形式，仅仅满足了消费者最基本的感官需求，未来可以吸收和引进国外的成功经验，向休闲、参与、康体、娱乐等更高层的体验消费转型，有氧运动基地、瑜伽馆、SPA 会所的引进都属于这一类型。

②申报国家级休闲农业与乡村旅游先行区，开始合理的规划和部

署的工作。

(6) 着力推进农业休闲旅游的创新

①投资开发模式的创新：目前传统的农业休闲旅游的投资主体主要是当地政府，消费也主要是政府购买，缺乏市场机制活力，一旦政府扶持期结束，农业休闲旅游园区就面临全面亏损。

②经营理念的创新：传统乡村旅游的农业休闲园区是靠游客的购买、外带和将产出的农产品外运进行销售和推广。

13. 如何推动传统文化与乡村旅游融合发展

传统文化是乡村旅游的灵魂。要深入挖掘乡村特色文化，不断提升传统文化的魅力和旅游吸引力，推进乡村传统文化的产品化，变文化优势和资源优势为经济优势。同时，注重对传统文化的保护，在实践中摸索继承和发扬乡村优秀传统文化的新路子，使乡村旅游成为弘扬优秀乡村传统文化的重要渠道，防止将优秀的传统乡村文化庸俗化。

(1) 制定乡村旅游的总体发展规划

乡村旅游的消费者更多追求一种休闲情趣，他们大多有较丰富的旅游经验，追求的是原汁原味的乡村韵味，而不是工业文明的复制品。乡村旅游开发要以乡村文化为核心，提高乡村旅游产品的品位和档次，避免乡村旅游产品结构雷同，提高产品竞争力。在规划中要在改善农民基本生活条件，加强基础设施建设的同时，注重保护农村文化的本色，强化经营特色和差异性，突出乡村天然、淳朴、绿色、清新的环境，强调闲情和野趣。

(2) 积极引导社区民众参与乡村旅游发展

乡村旅游是在乡村社区展开的活动，乡村社区作为乡村旅游活动的重要依托地，村民的积极性、能动性和创造性关系到乡村旅游地乡村文化的保护与发展，关系到旅游活动真实性的实现，更关系到乡村旅游目的地的未来发展。在乡村旅游发展中，首先要转变思想，更新

观念，充分认识社区在参与乡村旅游文化资源开发中的必要性和重要性。其次，旅游发展要充分尊重当地村民的传统文化心理和民俗习惯，将当地的文化价值观和传统与乡村旅游开发相结合，使旅游发展能获得当地居民认同与支持，并积极地参与到旅游开发中来。

(3) 深入挖掘旅游地特色乡村文化资源

在发展乡村旅游的过程中，要切实挖掘传统文化载体表象下蕴含的深层内涵，提升乡村旅游地的传统人文气息，如反映人与自然依存和延续、形态独特的乡村聚落，反映数千年传统文化、宗教理念、社会组织形式和家庭关系的古朴典雅的乡村建筑，或是有着浓厚传统文化底蕴的乡村节庆、农作方式、生活习惯、趣闻传说等，尽可能再现历史文化氛围和场景，努力实现传统文化与乡村旅游的和谐共存、协调发展。从这些特有传统文化旅游资源的表象和深层底蕴中，将传统文化内涵充分挖掘出来，开发设计适销对路、富于观念和情感沟通，并具有乡村环境特色的产品，彰显乡村文化的独特魅力。

(4) 加强对传统文化的保护

传统文化的保护是一项系统工程，政府、企业、社区、居民以及游客都应积极参与其中。首先，通过对旅游资源的调查和评估，掌握可用于乡村旅游发展的核心传统文化资源，找到本地乡村旅游的特色及核心吸引力；其次，围绕主要目标市场的需求，结合本地传统文化的特色，规划、设计和开发乡村旅游的辅助产品，使乡村旅游的内容不断丰富完善；再次，政府通过制定乡村文化资源保护和开发的政策，构建公共平台和创造良好的发展环境。包括加大资金和人才的投入，对农家乐免税等。

(二) 国内实践

1. 陕西袁家村：卖的不只是旅游

据不完全统计，陕西有一定规模的乡村旅游已百余家。尤其是广袤的关中地区，有更多新项目正在筹建中。但是，热闹的背后却是"几家欢喜多家愁"。对比开张时期，不少民俗村现在已门可罗雀，还有部分民俗村已经处于关门或者半关门状态。

这里面，有很多是形式到内容的大同小异，甚至雷同。盲目跟风复制造成的千篇一律，有人认为很可能成为乡村民俗之殇。

但是，始终被人复制的袁家村却与众不同：变得越来越有味道、越来越丰富和越来越精致。在逐渐流逝的岁月里，袁家村慢慢成为了一个令人着迷的小镇。关中风情，只是它的建筑和地域风格。沉淀、内涵和趣味，才是让人愿意留下来的原因。

近些年，袁家村年游客超 300 万，年营业额超 10 亿。它是怎么炼成的？复制了袁家村的模式，但成功是否被复制？我们来看看袁家村掌门人郭占武的看法：

（1）袁家村不只是旅游

袁家村一步一个脚印，在不停地探索。所有的努力，都是为了让村民共同致富、持续致富。

所以，袁家村的运作方式和其他乡村有很大不同，袁家村让农民挣钱，让产业发展更久远。应该说，在中国乡村中充分了解农民和农村，将旅游产业与农民融合得最好的，袁家村算其中之一。

袁家村的村民，称得上是新时期的村民。为了把产业持续下去，袁家村把教育农民放到了第一位，成立了农民学校，并专门设有"明理堂"，由德高望重者主持，村干部、村民和商户代表参加，谁有问题都可以上明理堂，讲明道理，化解矛盾，解决问题，以主人翁的姿态对待村子的发展。

如今的袁家村，农家乐、小作坊、酒吧等经营者已多达三千多人，袁家村人自己经营的只占到三成左右。为什么允许外地人在自己的地盘上和自己竞争、挣钱？因为袁家村要实现的是共同富裕，要做的是

百年袁家村。

袁家村原来只有 62 户人家，五十多户农家乐。如果关起门来搞，怎么也发展不到今天，不会有现在的人气。我们通过搭建农民创业平台，让更多人把袁家村当家，袁家村里家家有生意，人人能就业。通过优势项目股份化管理，大家入股享收益，又很好地平衡了收入差距问题。如今，不管是外来商户还是本地商户，大家都把袁家村当成"家"。

袁家村的产业，在带动就业和周边休闲观光乡村旅游也做出了贡献。现在常年有 2 000 多人在袁家村打工，很多外来商户已在袁家村安家定居，还带动周边和旅游沿线一万多名农民通过出售农副产品和提供服务增加收入。

自己有钱赚，还能带动别人共同富裕，袁家村人有这个底气，也有这个胸襟。

（2）如何看待"复制"袁家村的情况

这几年，复制"袁家村模式"的乡村在陕西就有 70 多个。所有模仿的，没有一家和袁家村一样。袁家村是一个村子在做，做的是产业链。

说到复制问题，说明大家已经分清了"李鬼"和"李逵"。目的决定做法：袁家村运作出发点是为了帮助农民共同致富。从最初小吃街开始，慢慢培养新的业态，发展乡村度假，引进酒吧街、艺术街、回民街、祠堂街。袁家村一直致力于发展的产业，是根据实际情况在不断调整，寻求有生命力的可持续发展的产业。

现在一些古镇或者古村，也是仿古、关中小吃。表面上跟袁家村没什么两样，实际上因为投资和收益的问题，往往质量难以保证，运作难以持久。从商业角度看，其他复制品以赚钱为目的，只要有收益，哪怕很快就倒闭了，也是一种成功。袁家村要做的是百年袁家村，追求的是长远的产业发展。

在避免同质化问题上，四个字：因地制宜。袁家村是一个地地道道的关中小村，没什么旅游资源，最大特色就是因地制宜。为什么不做红色旅游、不做唐昭陵，因为没有直接联系。袁家村的主题是关中民俗，说的话、衣着、很多东西，都是关中民俗的一部分。

袁家村产业一直在完善提升，在走乡村度假、农副产品产业化道路，这些都是因地制宜的结果。

(3) 袁家村现在在做 3.0 的产品

打造百年袁家村，核心在于产业的发展。从 2007 年至今，袁家村的产业发展经历了三个阶段，从关中民俗旅游，到发展乡村度假游，再到现在发展农副产品产业链。

袁家村搞"旅游+"，"+"的核心是品质。不管是小吃还是农副产品的供应，袁家村首先给游客保证的是品质。

作为一个综合性产业，旅游涉及行业多达百种，袁家村选择"旅游+"的产业一定具有高品质。比如引进以民俗创意文化为核心的系列化、高端化、个性化产品，酒吧街、艺术街等，一定程度上提升了袁家村的品质，我们要逐渐培养一些小品牌，跟着大品牌走出去。

尽管这些产业现在可能赔本经营，但从长远来看，营造的这种文化氛围实际上是增加了乡村的造血功能，是一种大业态的完善。村里所有的艺术家都是袁家村的无形财富。

袁家村能走出去的只有两样东西：思路和经验。袁家村有自己的发展经验，有专业的团队，不论是规划设计还是招商运营，袁家村已经做好了走出去的准备。

未来袁家村要做两件事：一是旅游发展，二是"三产"融合。袁家村现在在陕西做的是"袁家村·关中印象"，未来将把自己的思路和经验带到全国，结合当地的特色，打造出更多袁家村印象。袁家村的目标，就是让全国的游客不管走到哪里，都要去找不一样的袁家村。

在三产融合方面，袁家村将通过品牌带市场的方式，三产带二产，二产带一产，致力于将袁家村的农副产品卖到全国。树品牌拓市场，通过袁家村这块金字招牌，带动更多小品牌走出去。

（4）打造未来美好的乡村生活

以袁家村为例，村里注重精神文明，弘扬传统美德，倡导无私奉献，坚持诚信为本，最终给游客呈现一个古朴典雅、诚实守信的美丽乡村的模本。

在千篇一律的"小吃街"轰炸下，袁家村要用乡情和小吃留住"关中味道"，用匠心和诚信保障食品安全。这是一种民间的、自发的道德约束。多年来，捍卫食品安全是袁家村发展的有力保障，是旅游发展的生命线。

每一道小吃，村民都按照传统工艺制作，没有添加剂，所有原料统一由村里的作坊供应，不得私自外采，一旦发现，取消经营资格。久而久之，村民们都把食品安全当成坚守的底线，自律互律蔚然成风。大家把游客当自家人，在留住关中味道的同时，也守住了秦川乡情，对外打造了一张淳朴而精美的旅游名片。

精神文明的内涵远不止于此，还包括诚信经营、彬彬有礼、孝敬老人等。在袁家村，游客还能体会一种氛围、一种文化：比如整洁的街道、热情的服务、悠闲的老人、诗意的民宿、小资的咖啡馆、古朴的书店等，惬意的乡村生活方式，使乡村旅游呈现出持久魅力。

也就是说，乡村生活一定要有文化。乡村的味道，家的味道，自然的味道，文化的味道。那是一种难以拒绝的生活方式。

每个人心中，都藏着一个田园小镇梦："看得见山，望得见水，记得住乡愁"。这是每个人心中的故乡：那里生长着许多大树，清净的河流里倒映着山川。

些许经年，真正的古镇和村落所剩无几。近几年，出现上百家民俗文化村，从某种程度上看是一场商业主导下的"新农村运动"，但是品质良莠不齐，结果有成有败。新乡村不止是旅游的乡村，而是如同从关中大地自然生长的乡村。

2. 江西省大余县："中国最美乡村旅游目的地"这样炼成

江西省大余县位于赣南地区西南角，借助"生态＋乡村旅游"模式，大余县乡村经济得到快速发展，不仅如此，大余县近年还荣获"中国最美绿色旅游生态名县"和"中国最美乡村旅游目的地"两项大奖。

(1) 全民齐心，集众智兴办旅游

经过几年的培育，大余旅游产业得到长足的发展，乡村旅游规划发展势头日趋红火。在此基础上，该县适时提出把乡村旅游当作"带一接二连三"的大产业来抓。

打铁需趁热，大余借势掀起了一股全民兴旅的热潮。岁末年初，以"发展15问"为主题的新一轮解放思想大讨论活动拉开帷幕，课题"旅游活县"备受关注。同时，还面向全社会汇集民意民智，其中涉及乡村旅游方面的"金点子"就达500多条。

旅游发展专项资金从每年50万元递增至1 000万元，每个乡镇成立乡村旅游办……大余以前所未有的力度，出台了一系列有力措施。在政府主导下，大余在全民参与中凝聚共识，在奋进中形成合力，为乡村旅游的崛起积蓄了力量。去年，该县旅游总收入和全年接待人数由2011年的5.32亿元和80.1万人次跃升到11.29亿元和171.23万人次。三年间实现翻番，其中，乡村旅游的贡献占六成。

(2) 百花齐放，留住了最美乡愁

"第一高峰天华山、神秘的东庄纸造纸作坊、纯粹的畲乡风情、引人垂涎的原生态美食……这深山里的少数民族村落给我留下了太多回忆。"从大余内良乡李洞畲族村回到广东南雄，自驾游游客朱晓倩便在微博上分享了自己美妙的旅程。

大余以"一乡一品牌""一村一优势""一庄一特色"的新思路，整合全县红色、古色、绿色乡村旅游资源，聘请国家级规划设计队伍，把乡村地域生态、文化、民俗原汁原味地展现在游客面前。据县旅游局介绍，该县借鉴工业经济抓项目的经验做法，精心挑选了大龙山乡村旅游扶贫示范点、国家湿地公园、黄龙花卉苗木核心区等一批好项目重点打造。同时，实行多渠道投入。政府筹措近 3 000 万元资金用于乡村旅游精品景区的基础设施建设，安排了一支专业招商小分队，重点围绕乡村旅游招商，目前已经达成意向性协议 6 个。如今，该县一批以传统文化、红色经典、乡村民俗体验等为特色的乡村旅游示范点正吸引越来越多的客人前来观光游玩。

（3）产业齐兴，农民享发展红利

"没想过家里的老房子也能成金饽饽，一年有 7 000 多元的租金。"黄龙镇大龙村村民罗光斌和丫山景区签订了租房合同，加上夫妻俩在景区务工工资，一年有 4 万多元的收入。大龙村是该县乡村旅游扶贫示范点，目前全村乡村旅游从业人数达到村民总数的 80%，其中有 20多户贫困户捧上了乡村旅游的"金饭碗"，户均增收 3 万元以上。

大龙村是大余县依托乡村旅游龙头景区带动贫困户脱贫致富的一个成功案例。利用龙头景区的辐射效应，村民通过土地流转、多岗位就业、开设农家旅馆和餐馆等途径实现创业和就业，增加收入。

将乡村旅游与精准扶贫有机结合，大余走上了一条依托旅游带动农民脱贫致富的新路子。此外，大余还通过建立绿色农产品产业基地和花卉苗木核心示范区发展休闲农业，扶持周屋芋荷、南安板鸭等乡村旅游特产企业，摸索出农旅融合、旅游商品制造销售等乡村旅游扶贫模式，使 6 000 余人依靠旅游脱贫致富，享受到乡村旅游发展"红利"。

3. 浙江省莫干山：乡村度假区做出国际范儿

发展乡村旅游，不仅能够为群众提供一个休闲的好去处，是真正提质增效的供给侧改革途径，更有助于提升本地环境、富裕本地居民，是一举多得的无烟产业。在这方面，浙江的莫干山是一个成功的案例。莫干山的乡村旅游有这样几个特点：

一是移步换景的自然禀赋。莫干山是国家 AAAA 级旅游景区、国家森林公园，山峦连绵起伏，风景秀丽多姿。每当顺着弯曲小路驱车深入，仿佛远离都市喧闹，步入世外桃源。

莫干山凭着清新空气带来的健康感、层峦叠嶂带来的隔绝感，使居住其中的人即便仅仅是散步、骑车、登山就能获得极大的享受。

二是定位高端的重金打造。无论是原舍的 800 万 11 间客房，还是占地超 300 亩、堪称旅游目的地的裸心谷，均是定位高端的民宿产品。正是这一个个的民宿精品，形成了良好的引领和示范效应，带动了整个莫干山民宿高端化发展，打造了莫干山良好的品牌形象，使得各方游客驱车百里，前来体验价值不菲的乡野生活。

莫干山民宿的拓荒者，他们普遍具有较高品味和文化素质、资金实力，在当地居民极不理解的情况下，冒着巨大的投资风险，不仅坚持了下来，还投入巨资、花费数年时间打造出了示范性的作品，这对整个莫干山地区民宿经济的成功起了至关重要的作用。莫干山的经验表明，只要你的产品做得够好，就无需考虑市场的问题。

三是顺天应时的运作模式。近几年，上海等城市率先兴起的逆城市化，使得城市居民开始渴望乡野田园的宁静和平实，促进了乡村休闲度假市场的快速生长。

纵观整个莫干山民宿经济的发展，是一个民进国退、民间资本自主选择、自由发展的过程，具有投资主体多元化、立意设计丰富化、运作模式多样化、经营服务特色化、客户群体小众化的特点。

如果没有一个个精品民宿的串联，没有区位优势，没有市场机遇，莫干山虽美，也只不过是一处普通的山水风景。

据介绍，曾经有一个黄山地区的老板来莫干山度假，在回黄山后

也在附近开发了民宿，但是效果差强人意。"因为相比莫干山的地理位置效应，黄山还是有所欠缺，这个需要因地制宜。"

莫干山的经验如何学，特别是对缺山少水的地方，如何激活村庄资源，发展乡村旅游，有以下五个"套路"可以作为参考：

第一，只有大河有水，小河才不会干。从莫干山的经验看，一个裸心谷成就了莫干山。要发展乡村旅游，成就民宿"树林"，必须要在前期做出具有引领示范作用的精品"树木"，只要有了带动力强的"头雁"，就不担心后面的追随，到那时农民再自主开发民宿也有了基础、标准和收益保障。

而要做出精品，形成新闻效应、品牌效应、聚集效应，就必须邀请业内领军企业，进行高强度的投资。在乡村旅游布局上，不建议搞以行政区划为基础的村村点火、镇镇冒烟，而是搞以自然风光（比如同一座湖的周边）为基础的区块性发展，做熟一个区域后，再启动另一个区域。

第二，政府请闭眼，市场请睁眼。第一个层面，民进国退。莫干山的任何一个民宿，都是一种特色，一种创意，一种文化感知，而这种丰富的创造力，只能来源于大众。每个民宿，少则几间客房，多则二三十间客房，规模普遍较小，经营比较分散，客户群更是具有小众化特点，适合文创人士的"游击队"打法，不适合国有企业的"集团化作战"。

另一层面，监管适度。在农村发展民宿，很多政策上的障碍如果不牵扯到经营手续合法化问题，是不成为问题的。经营手续不完整，对国有企业和大型公司是障碍，但是对个人经营或者小型公司，不存在根本性问题，只要政府以灵活的方式进行监管，放一池活水蓄小鱼，定会形成乡村旅游发展的蓬勃生机。

第三，舍不得孩子，套不着狼。在莫干山民宿发展的初期，最珍贵的不是同质化严重的山水"资源"，而是带着创意、带着文化、带着前景的投资"资本"。前期没有"资源"的"贱卖",必然没有后期"资源"的升值(莫干山上曾经被散乱废弃的农房,现在每栋租金高达 100 万元)。

在投资界有一句话:不能增值和兑现的资产是"有毒资产"。农村空心化是世界性趋势,能够把贬值资产兑现的只有发展乡村旅游,过度纠结于所谓"租金多少、租期多长才合算",只会错失发展良机。

因此,在前期发展过程中,应当组织建立农房合作社,将租金收益平均化、长期化、隐形化,一方面避免因为对民房估值尺度的不一致带来的争论,另一方面,对前期较低价格出租的住户,后期有收益增长的机制,平衡先做和后做之间的利益分配。

第四,真正的伯乐永远在赛马,而不是在相马。从本质上看,乡村旅游是市场上的一种商品,既然是商品,就必定要进行完全充分的竞争,就会有优胜劣汰。莫干山民宿成功的最大经验就是发展是市场自发的过程,做成功的民宿没有一家是政府培养出来的。

因此,从普通商品的三个属性(功能、价格和渠道)来分析,要把民宿最低价位定死,功能(民俗的品质、特色)和销售渠道(客户群)完全由经营户自主负责。只要经营户拿出自己的真金白银,自主承担风险,我们的资源就不会有很大的损失。

应充分借鉴工业招商的工作思路,排出国内外乡村旅游顶级企业,主动走出去,一家一家推介,一家一家招商,用市场的方法,实现乡村田野资源最大的价值。

4. 山楂小院:乡土元素和城市消费有机融合

从北京市区出发,过居庸关,折向东北方,驱车两小时即可抵达坐落在延庆下虎叫村的山楂小院。小院依山而建,青砖灰瓦,芳草依依,因庭中有山楂树而得名。春可观山花烂漫,冬可围炉夜话。屋内摆放的物件,大大小小,基本都是农村人家常用的东西,秉承了隐居乡里

一贯的设计理念——回归自然，回归随性的生活，既有格调又能满足现代都市人对居住舒适度的需求。

山楂小院是隐居乡里的第一个民宿项目。隐居乡里团队帮助农民将废旧农宅改造为高端民宿，然后运营推广，吸引高知客户体验消费。隐居乡里的每个小院都聘请当地的中年农妇做管家：迎来送往，打扫庭院，端茶倒水……经过隐居乡里系统培训的当地村民可以服务入住的高端民宿客人。隐居乡里的管家更像是客人的农家亲戚。她们会把自家腌制的咸菜和自家种的玉米送给客人。

隐居乡里把自己定位为乡村整体运营商。它不仅运营民宿，还运营农产品和农文化。隐居乡里开发了"山楂汁""有机小米"等多种农产品。隐居乡里创始人陈长春对村民说，你们种玉米坚持不用化肥农药，我就帮你们卖，论根卖，卖他个十万根……

通过一个小小的民宿项目的落地，村庄乃至村民也有了悄悄的改变。首先是村庄环境的改变。有了更漂亮的、更符合乡村特点的房屋，

城里人和村民都很喜欢。村民的生活变得更加方便，项目建设的一些公共设施，包括图书馆、步道、公共厕所等，不仅受惠于游客，也受惠于村民。然而，更重要的是村民有了一份更体面的工作和当地化的劳动，不用外出务工。一方面可以照顾家里，另一方面可以很好地赚钱持家。城市人群的消费力是非常旺盛的，项目所在村庄的村民的收入往往比周边村庄的村民的收入要高出很多。

隐居乡里把乡土元素和城市的优势充分结合在一起，形成城乡的共融。目标客户是城市人群，很多城市人喜欢乡村，但接受不了乡村的住宿环境和卫生条件，所以隐居乡里做的就是给城里人回归田园提供一个支点，提炼出他们需要的核心服务。在改造的过程中不刻意设计太多现代化的符号和标志，尽量保留乡村的乡土元素，让乡村的魅力得到最大化彰显；在内部的舒适度上力求做到实用、舒适，床上用品、卫生用品、洗漱用品是规格非常高的五星级酒店的标准，甚至比五星级酒店还要有特色。

第二节 生态宜居篇

一、答疑解惑

1. 作为实施乡村振兴战略的总体要求之一，"生态宜居"的内涵包括哪些内容

十九大报告指出，实施乡村振兴战略，应按照产业兴旺、生态宜居、乡风文明、治理有效、生活富裕的总要求，加快推进农业农村现代化。所谓生态宜居，就是要适应生态文明建设要求，因地制宜发展绿色农业，搞好农村人居环境综合整治，尽快改变许多地方农村污水乱排、垃圾乱扔、秸秆乱烧的脏乱差状况，大力改善水电路气房讯等基础设施，统筹山、水、林、田、湖、草保护建设，保护好绿水青山和清新清净的田园风光，促进农村生产、生活生态协调发展。

2. 为什么说"生态宜居"是实现农业农村现代化的一个重要的内容组成部分？实现"生态宜居"的路径包括哪些

党的十九大报告以"实施乡村振兴战略"统领关于"三农"工作的部署，明确提出要"加快推进农业农村现代化"。实现以"产业兴旺、生态宜居、乡风文明、治理有效、生活富裕"为总要求的农业农村现代化，生态宜居的好环境是重要内容。

在过去相当长时期内，为了吃饱肚子，人们曾不惜代价毁林毁草开荒种粮，超采地下水以抗旱夺丰收，大量施用化肥农药以获取高产。这种农业发展方式虽然带来了丰富的农产品，但也造成亟待解决的生态环境问题。随着时代的发展，人们对于农村的要求提高，不仅要提供充足、安全的农产品，而且要提供清洁的空气、恬静的田园风光等生态产品，还要提供农耕文化、乡愁等精神产品。满足这些需求，离不开生态宜居的好环境。

从村容整洁到生态宜居，不仅要搞好农村房前屋后的垃圾处理、村内道路的硬化，而且要加强生态建设，在农业农村发展中尊重自然、顺应自然、保护自然，建设人与自然和谐共生的农业农村现代化。

生
态
宜
居
篇
·
答
疑
解
惑

农村水、电、路等基础设施条件的改善，以及免费义务教育、新农合、新农保等基本公共服务从无到有的变化等，都为实现生态宜居打下了坚实的基础。

实现生态宜居，要加强农村生态保护。把农业绿色发展的美好蓝图变为现实，让我国农业尽快"绿"起来。要靠建立法律法规和技术标准体系、加强对农业生产者的规范和约束，更为关键的是要建立健全激励机制，使农民从绿色发展中得到真金白银，进而使绿色生产成为农民的自觉行动。

实现生态宜居，还要努力建设农民的幸福家园。遵循乡村自身发展规律，注重乡土味道，保留乡村风貌，科学编制县域乡村建设规划和村庄规划，同时开展人居环境治理，让新时代的乡村不仅绿起来，更要美起来。

3. 开展"宜居乡村"建设需要把握哪些工作特点

"宜居乡村"是一项系统性综合工程，只有把握基本要求，深刻理解其"继承性、群众性、差异性、社会性"的工作特点，才能让所建成的乡村更宜居。

（1）继承性

在"宜居乡村"建设阶段，自治区提出了"产业富民""服务惠民""基础便民"的目标任务。这是对"清洁乡村""生态乡村"的继承和发展，不仅要继续抓好"清洁"和"生态"的建设，更要注重统筹推进生态环境、经济发展、社会事业发展和文化建设的协调发展，以此巩固和升华前两个阶段工作的成效。

（2）群众性

"宜居乡村"建设是一项群众性的活动，活动源于群众，为了群众。活动是否能取得成效，重点是看能否把群众真正发动起来，是否以群众为主体，只有深刻认识到活动的群众性并予以践行，才能避免出现

"干部拼命干，群众冷眼看"的现象，取得上级肯定、群众认可的成效。

(3) 差异性

区域社会经济发展水平，生态环境条件和民风民俗等因素使农村体现出较大的差异性，这也决定了不可能采用单一的建设模式。在政策的制定上，应从"项目导向"转为"基层需求导向"，真正达到服务工作惠民、基础设施便民的目标。

(4) 社会性

"宜居乡村"建设是一项需要全社会参与的系统建设工程，政府部门应从资金、人力、技术等方面进行统筹，树立"一盘棋"思想，动员全社会多方面力量参与，协调好各方利益，突出各方优势，进一步构建"党委领导、政府主导、群众主体、社会参与、市场运作"的建设机制，营造凝心聚力谋建设的良好氛围。

4. 开展"宜居乡村"建设推进的路径有哪些

(1) 抓好生态优质化，推动宜居乡村"持久美"

推动乡村建设的过程也是抓好生态环境保护和治理的过程，要继续抓好环境综合整治，在环卫保洁方面探索市场化、群众化运作方式，促使乡村环境建设管理和生态保护发展逐步走向制度化、科学化、规范化和常态化的轨道。在遵从民意的基础上执行硬性指标，使生态乡村建设成果更优质。

(2) 抓好服务人性化，实现宜居乡村"软件美"

要着力解决好"人"的问题，进一步明确开展服务工作的责任主体为各级政府，创新扩大服务主体。要着力解决好"钱"的问题，按照财政筹措经费为主，发动群众积极参与的原则，为各项服务工作正常运行提供必要的资金保障。要着力解决好"管"的问题，探索采取合同制的方式开展农村服务工作，明确权利和义务，制定农村公益性服务的奖惩兑现办法，实行考核制度。

（3）抓好管理有序化，造就宜居乡村"规范美"

要统筹城乡发展，完善社会保障等相关制度。要加强基层组织建设，在坚持党的领导的前提下，充分尊重群众意愿，以村民小组为单位，加强村民自治管理，引导群众自发组织建设好村民理事会。要进一步提高社会治安和安全生产的防控能力，营造平安宜居的建设发展环境。

（4）抓好产业集约化，促进宜居乡村"发展美"

要大力发展绿色经济，创建产业强、乡镇新、百姓富、生态美的新格局。要以推进生态文化旅游为主线，按照"产业发展生态化、生态建设产业化"的思路，坚持"保护优先、合理开发"的原则，深度挖掘民俗文化、农村非物质文化遗产等，探索开展乡村文化旅游产业。要以农业核心示范区等农业园区为载体，发展生态特色农业，与精准扶贫工作相结合抓好农民就业工作，积极引进和培育农业龙头企业和合作组织，大力推广"公司＋合作社＋农户"入股分红的产业化经营模式，鼓励农民以土地、资金、劳动力等要素入股参与能人、农企和合作组织带动下的合作创业，促进"一村一品""一乡一业"规模生产，为农村开展生态扶贫提供有力支撑，实现"既要绿水青山，也要金山银山"。

（5）抓好民风文明化，培育宜居乡村"内在美"

要突出载体的针对性，大力搭建地方传统文化、民俗元素的特色平台，把弘扬和践行社会主义核心价值观融入地方传统文化和习俗当中。要突出活动的多样性，充分发挥典型的示范引领作用，积极开展"百名孝子评选""星级文明户""文明信用户""善行义举榜"等道德模范评选活动，营造学习先进典型的良好氛围，提高农村文明程度。

5. 在处理"宜居乡村"建设过程中应该注意的问题有哪些

（1）宜居乡村建设的长期性问题

宜居乡村建设是一项长期、持续的过程，当政者要站在全局的角度开展规划和建设，定下方向目标之后，既要打好攻坚战，让农民群众直观感受到实实在在的变化；又要打好持久战，探索建立长效机制，防止一阵风，确保宜居乡村建设取得稳定持续的效果。

（2）注意加强村民共建意识

宜居乡村建设为的是农民、靠的也是农民。由乡镇、包村工作组，通过现代化手段建立信息发布平台，促使项目、政策等事项的宣传入户到人，让农村群众认识到乡村建设是共享改革红利的工程，自觉参与到宜居乡村建设中。

（3）深化农村改革试点推进

按照守住底线、保护耕地的原则，持续推进农村土地承包经营权确权登记颁证工作，加快引导和规范农村土地经营权有序流转。要发挥村干部、农村经济能人的领头雁作用，按照"民办、民管、民受益"的原则，加快发展农民合作社工作，继续深化供销合作社综合改革。积极开展各种惠民服务工作，深入推进城乡基本公共服务均等化。

6. 目前我国农村环境污染的现状有哪些

（1）生活废弃物对农村环境的污染

随着农村经济的发展，村镇规模不断扩大，人们生活水平的不断提高，由此带来的生活废弃物越来越多，而在我国的绝大部分农村，都没有专门开辟的废弃物堆放场，谈不上对废弃物的无害化处理，多数农村甚至连统一的垃圾堆放点都没有，垃圾等废弃物随意沿路边、村边、河边堆放，不少农村都是旱厕，没有排水管路，更谈不上对污水的处理。夏天恶臭扑鼻、蚊蝇滋生，雨天污水横流，脏乱不堪，风天尘土弥漫……

（2）农业生产对农村环境的污染

我国人多地少是基本国情，土地资源缺乏，人均占有耕地面积位居世界末尾。为了让有限的土地资源产出需要供给越来越多人口的粮

食作物，化肥农药的大量使用不可避免。我国农村的化肥利用率平均在 30% ~ 50%，不仅造成巨大的经济损失和浪费，也带来了不可忽视的环境污染问题。同时，随着害虫抗药性的不断增强，农民单位面积使用的化肥也在呈现逐年增加的态势，大量的农药残留物留在了土壤、水体及作物之中，在引发生态环境危机的同时，也对人的生命健康带来了巨大危害。

(3) 乡镇企业和农村养殖业的发展对农村环境的污染

改革开放带给农村的还有乡镇企业和各种养殖业的大发展，两者对提高农民生活水平，促进经济发展都发挥着不可忽视的作用。但乡镇企业多数存在布局混乱、产能消耗巨大、设备落后等问题，而且绝大多数的乡镇企业没有防污治污设施，工业废水、废气、废物肆意排放，不仅严重恶化了农村环境，也对全国的环境质量带来了巨大压力。同时，农村养殖业正处在由分散的农户经营向规模化、企业化方向转型的阶段，在养殖业大力发展的同时，由此产生的畜禽粪便等生产污水、恶劣气味带给环境的又是一个巨大的污染源头。

7. 我国农村环境污染的原因有哪些

(1) 农业科技化水平低下

同样是发展中国家，以色列和巴西的农业生产极为发达，农业科技水平高。而我国与之相比就相差甚远，归根结底的因素在于我国农业的科技化水平处在一个十分低下的状态，大量的科学信息和知识转化不到农业生产之中。大包干虽然在短时期内解放了农村生产力，但其分散经营，单打独斗的经营模式不利于高科技因素的普及和推广。同时，我国对于农业科技的投入和科技成果转化明显处于较低的水平，农民获得科技知识的渠道也不够畅通快捷，农村科普基本处于无人管，无人问的状态。低科技化的农业生产必然消耗更多的自然资源，必然带给环境更多的污染来源，进而逐渐形成恶性循环。

（2）农业人口的大量减少

逐渐解决了温饱问题之后的农民，必然面临进一步提高生活水平的需求，伴随住房、医疗、教育等与民生密切相关领域的全面产业化，薄薄的土地显然不能满足人们的需求，于是越来越多的农民离开家乡，离开了土地进入城市谋生打工，留在农村的多数是老幼病残。大量接受过基本教育的农民却没有在土地上繁衍生息，留在农村的多数是老人，低龄且高知的从业人员屈指可数。农村农业人口不仅在很快减少而且明显存在智力结构失衡，素质较低的结构性矛盾，从业人员缺乏或者基本没有环保理念，很难适应农业现代化的步伐和环境治理的需求。

（3）政府农村环保治理的体制限制及投入的不足

我国对环境问题的重视程度不断提高，在环境综合治理中也投入了大量的资金，采取了很多措施。但相对城市的环境治理，我国广大的农村环境治理明显滞后。农村在处于经济转型时期，农村基层政府为了发展经济，不可避免对环境保护和治理存在忽视。同时，农村环境治理涉及范围广，层级多，各级政府对农村环保治理投入的资金远远不能满足现实的需求，加之农村自身的环保体系薄弱，没有形成有效的执法和治理网络，环保治理的微小结果也极容易出现回潮。

8. 建设生态宜居乡村，首先要从乡村环境治理开始，具体可从哪些方面入手

乡村环境治理可从如下方面展开：

（1）实施农房改造

有条件的乡镇开展棚户区改造，建设宜居小区。开展农村危房改造，消灭D级危房。开展农房抗震和节能改造。

（2）实施道路改造

乡镇政府所在地要完善道路网，道路全部实现硬化，排水、路灯等。

附属设施基本完备。实施村庄道路硬化，主要街路全部硬化并有边沟。

（3）实施饮水改造

开展农村饮水安全工程建设，完善供水设施，全面解决饮水安全问题。

（4）实施厕所改造

开展无害化卫生厕所改造，逐步推行厕所水冲化，鼓励有条件的农户厕所进户。

（5）开展垃圾治理

建立户集、村收、镇运、县处理的运行体系，完善垃圾收集转运和集中处理设施布局，逐步推行垃圾分类减量和资源化利用，垃圾日产日清不积存。

（6）开展污水治理

因地制宜开展污水治理，原则上城镇化程度较高的乡镇政府所在地建设污水处理设施和配套收集管网并有效运行。村庄主要建设种植净水植物的氧化塘，配套分户小型污水处理设备。开展河道综合治理，改善农村河道水环境。

（7）开展畜禽粪便治理

规模化养殖场（小区）都要建设畜禽粪便污水综合治理与利用设施。加强分散家庭养殖户畜禽粪便贮存设施建设，推进畜禽粪便还田利用。

（8）开展秸秆治理

引导农民开展秸秆还田、青贮，鼓励秸秆能源化利用。村内柴草堆垛进院，规整垛放，不占道路。

9. 在建设生态宜居乡村过程中，如何降低农业发展对环境的破坏

（1）推广科学施肥

施用化肥并非施得愈多愈好，农田投入养分过大，盈余部分并未

起作用，而最终是进入土壤和水环境，造成土壤和水环境的污染。据有关调查研究，一般当农田氮素平衡盈余超过 20%、钾素超过 50% 即会分别引起对环境的潜在威胁，因而防治重点应在化肥的减量提效上。从技术上指导农民，严格控制氮肥的使用量，平衡氮、磷、钾的比例，减少流失量。科学施肥要重点抓住以下几个环节：化肥的施肥方法、数量，要根据天气情况、土地干湿情况、农作物生长期及农作物的特异性等决定，实现高效低耗，物尽其用。另外把农家肥和化肥混合使用，也可提高肥效，增加农作物产量，同时又能改良土壤。

（2）在农业病虫害防治方面，提倡综合防治

主要包括：利用耕作、栽培、育种等农事措施来防治农作物病虫害；利用生物技术和基因技术防治农业有害生物；应用光、电、微波、超声波、辐射等物理措施来控制病虫害。但鉴于目前农药的不可替代性，在使用农药时，喷药前要仔细阅读农药使用说明书，严格按照说明书要求使用，并注意自身安全，认真检查喷雾器有无损坏；喷药要在清晨或傍晚为宜，避免强风喷洒；喷药时，不吃东西、不喝水、不抽烟、不要让儿童或禽畜进入正在喷药的农田中；喷药后，不要在喷雾器内存放农药，喷雾器应及时清洗干净；用完后的农药玻璃瓶应该打碎，金属罐桶应该压扁，掩埋在 1 米深的土中，严禁用洗后的空瓶、空罐盛放食物；清洗所用的抹布应该掩埋或焚烧，防止二次污染。

（3）实现有机肥资源化利用、减量化处置

最大限度地将畜禽粪便等有机肥料用于农业生产，并实现以沼气为纽带的畜禽粪便的多样化综合利用。另外，对规模化养殖业制定相应的法律法规，提倡"清污分流，粪尿分离"的处理方法。在粪便利用和污染治理以前，采取各种措施，削减污染物的排放总量。

（4）制定法规，加大宣传。制定相关法律、法规，加强管理，控制农药、化肥中对环境有长期影响的有害物质的含量，控制规模化养殖畜禽粪便的排放

加大舆论宣传力度，提高人们特别是广大农民对面源污染的认识，引导农民科学种田、科学施肥、科学喷洒农药等，尽量减少由于农事活动的不科学而造成的资源浪费和环境中残余污染物的增加。建立健全面源污染的检测、研究机制，为更有效地防治提供科学的理论依据。

10. 改善农村人居环境、建设美丽乡村，如何加强农村水环境污染的治理

（1）对污染源实施源头控制

为避免污染水域面积的进一步扩大，要及时对农村水环境污染源实施源头控制。首先，要健全农村的垃圾管理模式，生活垃圾和生产垃圾在农村随处可见，水源处很容易被污染。其次，要规范农村牲畜养殖业，牲畜产生的粪便垃圾要在规定的区域进行堆放，并且进行及时地处理或再利用。总之，要避免高浓度的污水进入水体，它们会妨碍到水体的自净化能力。

（2）加强农村生态环境管理，提高农民环保意识

农村居民的受教育程度普遍偏低，生态环境保护意识相对而言比较薄弱。因此，要加大农村环境保护的宣传力度，提高农民的环保意识，具体可从以下几个方面入手：一是首先要教会他们正确的灌溉方式，让他们明白庄稼生长过程中，并不是水越多越好，恰当的灌溉方式才有利于庄稼生长。其次，要减少化肥、农药的过度使用，做到科学用药。同时，在鱼类养殖过程中，不能过度使用杀虫剂、杀藻剂等。二是要加强培养农村居民的责任感、集体感和环保意识，让他们明白环境保护是大家的责任，农村环境是我们生活的地方，水是我们的生命之源，需要我们每一个人从实际出发，维护良好的水环境。

（3）建设适合农村的污水处理设施

在建设农村的污水处理设施时，要充分考虑到农村的实际情况。农村污水一般来自生活垃圾和小型工厂，很少有大型化工厂，因此，

并不适合设置高成本的集中式污水处理设施，而要设置分散式污水处理设施。农村地区可以建设污水收集管道、净化槽等分散式污水处理设施，对可净化的污水进行循环利用；对一些有毒、有害的不可净化污水进行密封处理。

（4）优化农村生活垃圾管理模式

要逐步普及"组保洁、村收集、镇转运、送无害化处理厂处理"的城乡统筹的垃圾管理模式，不断优化农村生活垃圾管理模式。通过优化垃圾收集容器和收集点位来完善农村生活垃圾分类收集工作；对农村垃圾进行资源化利用。

11. 如何在建设生态宜居乡村的同时，做好农村秸秆禁烧工作，具体措施有哪些

（1）加强领导，强化责任

乡镇成立生产秸秆禁烧护林防火指挥部，各村委、各单位也要成立相应组织，集中时间、人力、机具，全力以赴抓好工作，做到工作不结束，重心不转移，精力不放松。镇政府与各村委、各单位签订目标责任书，各村支部书记与主持工作的村委主任为主要责任人，各村干部包自然村、组，党员、村民代表包地块，层层分解责任，全镇包村干部分包到若干个村，责任到人。

（2）广泛宣传，积极营造秸秆禁烧的浓厚氛围

各村委、各有关单位要开展大规模的秸秆禁烧宣传活动，利用广播、宣传车、标语等方式大力宣传《环境保护法》《大气污染防治法》和省、市、县有关秸秆禁烧综合利用的政策法规，引导群众转变观念、克服陋习，提高广大干群防火安全意识，真正形成齐抓共管、群防群治的局面，全面做好以秋茬防火为重点的各项工作。

（3）强化督查，切实推动秸秆禁烧工作落到实处

积极推进秸秆综合利用。每个村委必须有一个秸秆堆放点，尽快

组织农户把秸秆运出地块，堆放到指定位置，严禁把秸秆堆放在田间地头、沟边、林木旁。要抢时播种。发动群众抢收抢种，有条件的可以用灭茬播种机随收随种，消除安全隐患。严防死守，严格奖惩。坚持防范为先，严防死守，对重点区域、重点时段、重点对象要重点监控，切实做到有烟必查、有火必罚、有灰必究。

（4）严禁在公路上打场晒粮，切实保障道路畅通

各村委要组织群众对田间道路整修一遍，保障车辆行车安全。严禁在公路上打场晒粮、堆放秸秆、确保道路畅通。

（5）做好农机安全生产管理

重点加强对农机作业手的安全监督管理，在搞好农机安全技术检验的同时，广泛宣传，深入开展农机安全生产教育，重点加强农机安全检查，严格执行"三不准"和"三禁止"的规定。"三不准"即：未经检验的不合格的收割机不准使用；未经培训的机手不能上机操作；未带防火罩具的机械不准进场作业。"三禁止"即：禁止使用淘汰的收割机进行作业；禁止违章作业；禁止机械"带病"作业。要严密防范，杜绝各类案（事）件发生，确保"三秋"农机安全生产。

二、国内实践

1. 浙江省：六举措解决农村垃圾分类

从 2003 年开始至 2017 年，浙江省共分两个阶段对全省农村垃圾处理进行治理。

第一阶段：2003—2012 年。2003 年，浙江启动"千村示范万村整治"工程，以农村垃圾集中处理、村庄环境整治入手，推进农村垃圾分类建设。2003 年，浙江省金华市澧浦镇后余村就开始推广"户集、村收、镇运、县处理"的垃圾处理模式，村民只需把垃圾集中在一处，村保洁员就会统一收走。这个模式在 10 年后遭遇了垃圾填埋场占地面积大、环境污染严重等弊端的挑战。这是全省乃至全国垃圾处理都面临的困境。随着浙江农村经济的快速发展和农村居民生活水平的提高，农村生活垃圾爆发式增长，农村生活垃圾该如何处理？成为浙江省亟待解决的重要问题。因此，推动农村生活垃圾分类，实现减量化、资源化、无害化处置，成为浙江省首推解决途径。由此，浙江省开启农村生活垃圾治理第二阶段。

第二阶段：2014—2017 年。2014 年，省委、省政府积极推进"五水共治，治污先行"的决策部署，浙江省率先围绕"最大限度地减少垃圾处置量，实现垃圾循环资源化利用"的总体目标，改革农村垃圾集中收集处理的传统方式，探索农村垃圾减量化资源化处理的"分类收集、定点投放、分拣清运、回收利用、生物堆肥"等各个环节的科学规范、基本制度和有效办法，不断改善农村人居条件，提升农村生态环境质量，不断加大力度、健全机制、规范制度，全力推进全省农村垃圾减量化资源化处理。2016 年 12 月 21 日，中央财经领导小组举行了第十四次会议，会议听取了浙江关于普遍推行垃圾分类制度的汇报，并决定要普遍推行垃圾分类制度。至此，浙江普遍推行垃圾分类经验将在全国推广。

2003 年，时任浙江省委书记的习近平就对浙江开展"千村示范万村整治"作出部署。2005 年在"千村示范万村整治"工作嘉兴现场会上，习近平提出要从花钱少、见效快的农村垃圾集中处理、村庄环境清洁卫生入手，推进村庄整治。2006 年在全省人口资源环境工作座谈会上，习近平提出要使垃圾分类回收、减少使用一次性用品等成为全社会的自觉行动。

2013 年，在开展农村生活垃圾"户集、村收、乡镇运、县处理"为主要模式的集中收集处理工作以及"户分类、村收集、有效处理"为主要模式的分类处理工作的基础上，全省进一步部署开展农村生活垃圾分类试点工作，就地实现减量化、资源化，并逐步推开。2016 年底，全省已实现农村生活垃圾集中收集有效处理行政村覆盖度达到 86% 以上，提前五年完成了国家 2020 年农村生活垃圾集中收集处理率达到 90% 的目标要求，有 83 个县（市、区）4 800 个建制村按照资源化减量化无害化要求开展垃圾分类处理，占全省建制村的 16%。总体上看，浙江省生活垃圾分类处理工作农村好于城市，各地有很多探索走在全国前列。开展农村垃圾分类不仅有效地促进了垃圾减量和资源化利用，也使农村人居环境得到明显改善，百姓幸福感、获得感不断增强。具体措施如下：

（1）健全政策法规，努力做到垃圾分类有章可循

2014 年 6 月，浙江省出台了《关于开展农村垃圾减量化资源化处理试点的通知》（浙村整建办〔2014〕17 号），提出探索农村垃圾减量化资源化处理的"分类收集、定点投放、分拣清运、回收利用、生物堆肥"等各个环节的科学规范。2014 年和 2016 年先后出台的《关于建设美丽浙江创造美好生活的决定》和《浙江省深化农村垃圾分类建设行动计划（2016—2020 年）》等都对推进生活垃圾分类提出了要求。各市也先后出台了一系列生活垃圾分类的制度文件和实施办法。

（2）鼓励改革创新，着力推广垃圾分类处理试点经验

垃圾分类处理是打破传统生活垃圾收集处理模式的一场革命，需要创新理念，推进农村环境卫生管理体制改革取得实质性成效。充分尊重基层首创，鼓励因地制宜探索新的垃圾分类运行和处理模式。如安吉县探索实行"农村物业管理"新模式，将原本分散在各部门和镇街的城乡环境管理职能统一整合委托给农村物业公司，农村物业公司对全县农村、公路、河道、集镇、村庄五大区域进行统一保洁、统一收集、统一清运、统一处理、统一养护，组建专业化环境卫生管理队伍，实行网格化布局、标准化作业、分类化处理和智能化监管、社会化监督、项目化考核。永康市推动农村垃圾分类，建立健全农村环境卫生保洁长效管理机制，成立农村垃圾治理工作小组，专人负责垃圾分类处理工作，指导全市农村垃圾分类处理工作的组织实施、协调和监督检查，形成部门间协同配合、广泛联动。各镇村也成立垃圾分类相关组织，镇与各村签订了目标管理责任书，将垃圾分类工作开展情况纳入对村党支部的考核。市明确各乡镇（街道）是农村生活垃圾分类处理工作的实施主体（业主），负责做好方案制定、项目设计、宣传发动、设备采购、工程监管、资金管理、检查验收、运行监管等相关工作。

（3）探索简便易行方法，努力做到垃圾分类群众可接受

对传统行为习惯的革命，采取符合实际的分类办法，不触及群众利益，不增加群众负担，是吸引群众自觉广泛参与的关键。浙江省各地在垃圾分类上充分考虑群众行为习惯，探索采取了一些简便易行的方法，得到了群众的广泛接受和认同。如金华市推行简便易行的"二次四分法"，农户只需以是否腐烂为标准，将生活垃圾分为"会烂"和"不会烂"两种，易学易做，群众满意度很高。会烂垃圾就地进入阳光堆肥房，不会烂的垃圾由村保洁员在分类收集各户垃圾的基础上以可否回收为标准分为"好卖""不好卖"两类，这样的方法在保证较好的分类减量效果的前提下，实现了分类的最简便，大大降低了垃

圾分类推行的难度，利于群众分类习惯的养成，促进了垃圾分类的全面推行。临安市利用网络技术，积极推广利用"贴心城管"手机APP、二维码、物联网等智能化手段，在全市86个村开展了智能垃圾分类试点，实行垃圾分类智慧管理。海宁等地将垃圾分为可回收、可堆肥、不可堆肥、有毒有害垃圾等四类，群众一看就明白，随手可做到，效果明显。

（4）筹集资金多元化，努力做到垃圾财力可承受

生活垃圾分类处理是一项公益性很强的公共民生事业，必须坚持政府主导原则。浙江省各级财政每年都将垃圾分类与减量处理等基础设施建设以及后期运营处理和工作队伍正常运行经费纳入预算管理，农村生活垃圾分类处理则由各级财政投入，2016年资金达25亿元。实行垃圾分类收集处理后，政府的投入并没有增加，农村清运成本反而明显下降。如永康市实施"农户、驻村企业收一点、乡镇（部门）出一点、财政补一点"的"三个一点"资金筹措模式，强化资金保障并实行逐年增长机制，按每人每月一块钱标准向农户收取垃圾处理费。上虞市农村每人每年缴纳120元用于垃圾分类处理。同时，各地积极引入社会资本参与环卫保洁、垃圾清运、绿化养护和监督管理等各环节，进一步拓宽了资金筹措渠道。

（5）健全监督考核机制，努力做到成效可检验

监督考核是工作推进的指挥棒，也是检验和评价垃圾分类处理工作成效的重要抓手。在行政推动层面，浙江省建立了层层考核制度。浙江省农办从2016年开始将农村生活垃圾纳入对各市县的考核。台州市建立市对县、县对乡、乡对村的分级督查考评制度，市对县实行季查，结果列入五水共治考核；县对乡、乡对村实行月查，分别公布排名，全年成绩与垃圾分类减量资金补助挂钩、与联村干部及村主要领导奖金挂钩。龙游县建立了"日检查、月通报、年考核"的工作机制。同时，加强对源头分类主体的检查考评。一些地方建立了源头追溯制

度，对每只垃圾袋进行三级编码，一级代码为垃圾分类号、二级代码表示卫生责任区区号，三级代码表示户主代号，实现了垃圾"见袋知主"，便于监督考核；一些地方建立计分奖惩和责任包干制度，村卫生保洁员每日对村民垃圾分类投放情况进行检查；一些地方开展村对农户垃圾分类评优，建立"笑脸墙""红黄榜"公布结果，利用农村熟人社会的特点，做好源头分类监督。

（6）健全运行管理制度，努力做到长期可持续

垃圾治理工作极易反弹，运动式的强力行政推动管得了一时管不了长远。浙江省农办着力于建立一整套长效管理制度，有力确保了这项工作长期可持续。各市建立协调推进机制，成立了由市领导任组长、相关部门主要负责人为成员的生活垃圾分类工作推进协调小组，健全部门联动机制，形成了齐抓共管的工作格局。不少地方以村规民约破除陋习，把垃圾源头分类、定时定点投放及其他规范村民卫生行为相关要求一并纳入村规民约。强化垃圾分类处理队伍建设，发动村（居）干部、物业管理人员、保洁员、志愿者等在垃圾分类中发挥了重要作用。通过走村入户、播放专题片、制发居民使用手册、推出电视公益广告等多种形式，充分利用各类媒体、宣传橱窗、网络微信、移动宣传板等全方位加强生活垃圾分类宣传，把生活垃圾分类减量和垃圾处理知识纳入学校教育实践内容和市民学校、民工学校、老年大学、农村学院、环保志愿者组织等的教育培训内容，引导全民树立垃圾分类和减量"从我做起，人人有责"的观念。安吉县通过开展垃圾分类评比积分换小奖品、"一户一码"实名小奖励等活动，建立各种激励机制，鼓励居民积极参与，这些都有力地保障了垃圾分类工作的长期可持续开展。

2. 湖北省广水市：打造自然质朴的现代版"桃花源"

湖北省广水市的桃源村四面环山，居中地势平旷，溪流将村落一分为二。溯流而上，9个自然湾如珠玉散落，次第排开。200多处石

头民居参差错落，田野间 2 万多棵柿子树星罗棋布。这深藏群山的"沧桑野性美"撩开面纱，村落原始风貌保存完好，农耕田园风光如旧，"桃源"这个村庄名也渐渐被外人认可。

为了提升桃源生活品质，惠及当地百姓，湖北省广水市提出打造"自然质朴、宜居宜业"的现代版"桃花源"目标，桃源村被确定为湖北省首批"绿色幸福村"建设试点。

桃源村位于大别山与桐柏山交汇处，是古驿道上一个古村落，也是广水市武胜关镇一个贫困村。200 多座石屋见证了沧桑变化：百余年前，桃源村的祖辈们用山石垒墙，建起了一座座石屋。上世纪八九十年代，许多青壮年纷纷外出务工，让一座座石屋空了下来，有些只剩下断壁残垣。

桃源村曾经很是荒凉，全村 1 600 人，在家的不到 600 人。为了让外出务工农民回归，当地出台发展农家乐扶助措施，提供小额贷款、人员培训，越来越多外出打工农民回家变成创业者。桃源村逐步新扩建古民居 100 余户，新办农家乐 30 余家，村民 1/3 从事旅游度假农家乐，1/3 从事传统种养，1/3 从事旅游相关服务。每年接待游客达 15 万人。

村内鸟语花香，不时有野生小动物出来探头。为了保护生态，推进村庄绿化美化，村两委累计在桃源村植树造林 6 000 多亩，修复水系 3 000 多米，打造了 3 公里的沿河绿色景观带，建立 9 个垃圾分类中心、25 个人工湿地，吸引了多种鸟类、动物在此安家。打土灶、袅青烟、烧野菜，让游客在舌尖上感受到"乡的配方、乡的味道"。当地政府积极推动恢复了桃源村民俗婚礼、祈福活动，建起了煮酒、制醋、挂面、陶艺等民间手工艺作坊，让熟悉的感觉和记忆留下来、活起来。

桃源村农民曾经人均只有七分田，种一年的粮食只够吃半年。现在不用出村就能有活干，外面的人也会到村里观光。新农村建设必须尊重农民的意愿，发挥农民的主体作用。桃源村项目坚持建设主体、参与主体、受益主体都是农民。在规划制定中，多次征求村民意见，公共厕所、村级水厂、通湾桥等公共基础设施选址由村民决定。在房屋改造中，政府负责提供图纸，以村民出资改造为主。在产业发展中，鼓励村民返乡创业，大力发展乡村农家乐，引导和支持村民自发成立专业合作社。

在桃源村投资 2 400 万元的项目中，90% 都是本村村民完成的。每修一条路、一座桥、一个厕所，都要召集党员和村民代表讨论，然后再进行招投标；村子里已有 30 多家农家乐在营业，月纯收入最低 1 万元，最高的月收入达到 10 万元。

随着村集体经济的壮大，未来村庄的发展，靠的是村两委和农民合作社带动的产业发展。成立了以"内置金融"为基础的桃源村农民合作总社和五个专业合作社，通过村民入股、政府引导资金注入，建立起村庄可持续发展的保障体系。

乡村旅游专业合作社，目前有社员 60 名，其中 20 名敬老社员每人出资 2 万元，3 年不要收益，产生收益用于孝敬老人。合作社鼓励村民以现金、山场、田地、房屋等资产或权属资产入股，着力解决村民资金周转、技术服务等难题，全村石榴园、猕猴桃园、柿子园面积达到 300 多亩，其中茶叶达 1 500 多亩，每年直接收益 500 多万元。去年，全村 63 人实现脱贫，占贫困人口 32%。

政府整合资金 200 多万元，拉动社会投资 3 000 多万元，采取"奖补自改""集中租改"两种模式筹集资金：对自愿改造的农户按每平方米 200-300 元标准补助。村民闲置、破损严重房屋，由村委会先以每户 2-3 万元价格与村民签订 20 年租赁合同，再转租给社会团体进行改造，租赁期满后退还村民。

广水是典型的丘陵地区，也曾担心新农村之路究竟怎么走？平原模式不可行，山区模式不适宜，丘陵模式要探索，不能像有些地方搞大拆大建、整齐划一，要让农村更像农村，必须守住底线，保持定力，

别把美丽乡村搞得面目全非。建设美丽乡村，吸收资金不容易。

民居怎么建、产业怎么办、未来方向怎么选，当地政府经过探索提出"四不要"：与民争利的不要、搞房地产的不要、大拆大建的不要、有污染的不要。

在两万株柿子树中，千年的柿子树可不多见。沿着石头路前行几步，一棵高有20多米，树冠直径有十来米的柿子树下石桌石凳齐全，看得出来这是村民经常唠家常的地方。"别看这棵树1 000多岁了，现在每年还能从树上摘下七八百斤的柿子。"旁边的村民介绍起来，这个品种叫"铁丝红"，在当地很受欢迎。

建设美丽桃源村，第一步就是要保护与修复历史留下的这百年石屋、千年柿树。随着城乡一体化步伐加快，农村和城市界线模糊了，"农村符号"逐渐被"高楼大厦"取代，农村不像农村，却更像城镇，土灶、土食、土味、乡土气息越来越少，古村落逐渐破败消失，文化传承逐渐被遗忘遗失。

在湖北省支持下广水在武胜关镇桃源村先行先试，致力探索丘陵地区新农村建设模式，坚持"保持原貌、修旧如旧"，对每个自然湾、居民石屋以修复为主，不大拆大建、不涂脂抹粉，尊重原址原貌，不拆一栋房子，河道、塘堰护坡不用水泥和预制板，绿化全部选择本地树种，形成人、水、空气、微生物良好的生态循环系统。桃源先后被农业部确定为全国"美丽乡村"创建试点，被住建部评为"中国传统村落""全国美丽宜居村庄"，被湖北省政府评为"荆楚最美乡村"和"湖北省休闲农业示范点"。

3. 江苏："小厕所"视为"大民生"

小康不小康，厕所算一桩。从改建旅游厕所到推进农村改厕，各地厕所的"提档升级"也成为树立文明新风、推动乡村振兴的重要发力点。

在江苏淮安乡村旅游区刘老庄内，有两座按照ＡＡＡ级标准建设的旅游厕所。通过分析游客游览习惯和景点间距离，该旅游区合理选址建设，设置第三卫生间，调整男女厕位比例。

从外地带母亲来旅游的王女士表示，"来之前担心母亲坐轮椅如厕不方便，没想到乡村景区还有家庭卫生间，设计非常人性化。"值得一提的是，为了贴合该乡村旅游景点的怀旧氛围，厕所所有标识牌均就地取材，由当地农民用木板雕刻并手绘完成，与景区风格相得益彰。

"乡村游大多是亲子游，孩子和老人如厕要求高，厕所的改建能更好地留住游客。"据刘老庄"当年农家"总经理介绍，该乡村旅游点临近新四军刘老庄连纪念园，其完善的配套设施，也助推了当地红色旅游的发展，带动一批村民就业，实现精准扶贫。

78 岁的洪家勇是江苏镇江市丹徒区世业镇永茂圩自然村村民，他和家人住在一栋两层小楼里。走进他家，可以看到楼上楼下的卫生间内都安置了抽水马桶，楼外院子的右前方，还有一个独立的冲水厕所。若不是门外清澈的小河和隐约可见的山脉，乍一看还以为是城市住宅。

据洪家勇介绍，室内外厕所之间有地下管网相连，最终汇集的粪液进入三格化粪池。"进入第三个格子的粪水，可以直接用来浇地施肥，用不完的部分直接进入地下污水管网，集中处理后达标排放。"

小厕所、大民生，农村厕所系统改造和污水管网的集中配套，受到村民们热烈拥护。"黑臭河道越来越少，家门前沟渠的水越来越清，流进长江的水越来越干净，自然环境大为改善。"世业镇世业村负责人骄傲地说，"村民们像爱护眼睛一样爱护环境，精神面貌也随之焕然一新。"

据悉，没有改建厕所前，很多周边村民对如厕习惯并不讲究。厕所变干净后，大家的卫生意识和文明理念也得到了提升。

第三节　乡风文明篇

解码乡村振兴
JIEMA XIANGCUN ZHENXING

一、答疑解惑

1. 乡村振兴战略中"乡风文明"的内涵是什么

十九大报告指出，实施乡村振兴战略，要按照产业兴旺、生态宜居、乡风文明、治理有效、生活富裕的总要求，建立健全城乡融合发展体制机制和政策体系，加快推进农业农村现代化。

其中，乡风文明，就是要促进农村文化教育、医疗卫生等事业发展，推进移风易俗、文明进步、弘扬农耕文明和优良传统，使农民综合素质进一步提升、农村文明程度进一步提高。

2. 实现乡风文明建设，要重点抓好哪几件事

乡风文明是加强文化建设的重要举措。在整个乡村振兴过程中，要特别注意避免过去的只抓经济、不抓文化的问题。换句话说，既要护口袋，还要护脑袋。

实现乡风文明要重点关注抓好这样几件事：

（1）要加强农村的思想道德建设，立足传承中华优秀传统文化，增强发展软实力，更重要的是发掘继承、创新发展优秀乡土文化，这不仅是概念，还是产品产业；

（2）要充分挖掘具有农耕特质、民族特色、区域特点这样的物质文化和非物质文化遗产；

（3）要推行诚信社会建设，要强化责任意识、规则意识、风险意识；

（4）要加强农村移风易俗工作，比如：文明乡风，良好家风，纯朴良风；

（5）要搞好农村公共服务体系，包括基础设施和公共服务。

3. 乡风文明建设中普遍存在着哪些问题

如果说生产发展是现代农村建设的根本，那么乡风文明就是现代农村建设的灵魂。然而，各地在乡风文明建设过程中也遇到了许多普

遍存在的问题，归纳来讲，一般存在以下几个方面的问题：

（1）农民整体文化素质问题

主要表现在思想观念落后、文化素质不高、科技知识贫乏和法制意识淡薄。

（2）精神文化生活单调

蜻蜓点水式的"文化下乡"，难以满足农民对文化的渴求，"送"文化对农民来说只是一种"填鸭式"的帮助，对农民有针对性的宣传教育活动开展内容缺乏、形式单调、覆盖面窄、资料有限，农民看不到新报纸、新杂志，文化活动方式单调，内容贫乏。相当一部分村镇没有一个固定的或完善的村民业余文化活动阵地，导致活动无法开展，也就谈不上对农民开展思想道德教育，文化生活贫乏，精神生活贫瘠。

（3）陈规陋习难以根治

随着农村改革的深入和社会的进步，农民的思想观念发生了深刻的变化，旧的观念、规范失去了控制力，新的价值体系尚未建立，农村的精神文明体系处于失范状态，陈规陋习根深蒂固，封建残余死灰复燃，最为突出的是"三风"现象普遍存在：一是聚众赌博风。二是封建迷信风。三是铺张浪费风。

（4）公共事业发展滞后

特别是教育、卫生领域。很多学校，由于资金投入不足，目前还存在硬件、软件设施滞后等问题。农村卫生设施简陋，人员素质不高，卫生管理制度不健全，医疗保障制度不完善，医疗费用上升，农民因病致贫、因病返贫的问题也成为严重影响社会稳定的一个因素。仍有很多农村村容村貌长期脏乱差，农村住宅建设缺乏长远规划，很多村庄无排水、垃圾收集处理等公共设施等。

（5）组织领导观念缺乏重视

还存在有些农村领导干部尤其是村级领导对乡风民风的宣传教育工作在思想上缺乏重视，认识上缺乏远见，不重视、不作为，也是制约农村乡风文明建设的一个重要原因。

(6) 规范管理制度不健全

乡规民约、奖励处罚等制度不健全，在乡风建设上难以形成规范性的制度性约束，也制约了乡风建设的发展。

4. 推动乡风文明建设势在必行，哪些方面需要重点关注

高价彩礼、薄养厚葬、封建迷信、赌博败家这些现象在时下的农村仍有市场，这些陈规陋习、不良风气严重影响农村社会稳定，给农村社会治理带来巨大的隐患，所以当前，在构建社会主义核心价值观体系中，在构建和谐社会的社会治理体系中，各地都在大力推动乡风文明建设，其重点关注内容，归纳来讲可分为以下几个方面：

(1) 占领农村思想阵地，破除落后的传统观念，这既是推动乡风文明建设的基础，也是当前思想宣传的重点领域

相对城镇来说，农村人口知识文化程度较低，落后的传统观念占据重要的地位，破除落后的传统观念任务艰巨，仅靠"大水漫灌"式的宣传，效果将不会很理想。可尝试抓住农村居民的兴趣点，组织文艺工作者创造出他们喜闻乐见的文娱节目，将新观念融入文娱节目，从而对他们实施潜移默化的影响。政策宣传要有针对性，如抓住农村中相对思想落后的群体，作为重点进行落后传统观念的破除，成效会更显著。

(2) 推动乡风文明建设，将乡风文明建设纳入社会治理

社会治理的核心是维护社会和谐稳定，将乡风文明建设纳入社会治理，有利于形成农村社会治理一盘棋，从大局层面，对乡风文明建设进行规划，稳步推进。将乡风文明建设纳入社会治理，也有利于形成乡风文明行动的常态化，形成齐抓共管的格局，深化乡风文明建设的力度。

(3) 推动乡风文明建设关键在于建设富裕农村

贫穷落后是落后传统观念的"护身符"，如嫁女收高价彩礼是为

改善女方家庭条件、薄养厚葬是为好的风水荫庇后世子孙、赌博是渴望一夜致富，这些陋习本质就在于贫穷。当前国家实施精准扶贫的战略工程，不仅能改变贫困家庭的生活环境，更是转变破除落后传统观念的契机，需要在推动乡风文明建设中整合好该有利因素。

5. 在全面建设小康社会进程中，如何更好地做好乡风文明建设

乡风文明是全面小康社会的一项重要任务，俗话说"仓廪实而知礼节"，物质文明的进步需要精神文明同时跟上，全面小康社会一方面要有农民增收致富的指标，另一方面也要有乡风文明建设的要求。如何坚持以社会主义核心价值观为引领，把反对铺张浪费、反对婚丧嫁娶大操大办作为农村精神文明建设的重要内容，推动移风易俗，树立文明乡风，这是全面小康路上一道必答题，也是社会主义精神文明建设的一盘大棋。当下，各地为了要下好这盘大棋，都在不断尝试与变革，归纳起来，可着重注意以下几点：

（1）坚持创新出其不意

农村精神文明建设强调了很多年，早在 2006 年新农村建设时就提出要实现乡风文明，但相比于城市文明发展来说，广大农村地区依然是精神文明棋盘上的一块短板，最重要的原因就是缺少变化，缺少创新，缺少出其不意的狠招妙招。不过这些年随着互联网发展，农村文明阵地建设也开始全面触网，越来越多的新思想、新创意开始在农村地区绽放，如：有的地区将村规民约作为农村文明建设的重要指标进行考核，通过红白理事会、网络点赞团等方式，助推农村移风易俗和乡风文明建设。更为重要的是，各种创新举措也让老百姓从中实现了更多的幸福感、荣誉感与获得感。

（2）以点带面形成攻势

社会主义核心价值观在农村的实践是一项系统工程，乡风文明建

設同樣需要以點帶面，首先是集中精力突破，然後才能逐漸連點成線，對傳統陋習形成全面攻勢。這一次，中央文明辦重點強調要把反對鋪張浪費、反對婚喪大操大辦作為農村精神文明建設的重要內容，可以說是抓住了農村精神文明建設的"牛鼻子"，也是整盤棋局上最重要的點。只有抓住了"牛鼻子"，才能引領鄉風文明建設朝著更加文明、更加健康、更加積極向上的方向發展。

（3）依靠群眾形成合力

農村精神文明建設需要走好群眾路線，堅持依靠群眾，為了群眾，一切從群眾中來，到群眾中去，把獲取群眾支持作為推動移風易俗和樹立文明鄉風的重要推動力。可通過舉行村規民約故事展覽，把不同村鎮的民俗規定進行展示，讓大家相互學習、相互借鑒、相互提高；也可將每家每戶的家風家訓都掛在門口顯眼位置，作為一種家族的驕傲展示給別人。這些接地氣、有故事的做法，越來越得到老百姓的支持，他們心甘情願成為"主人翁"，成為農村精神文明建設的"源頭活水"。

讓文明鄉風吹起來，需要不斷探索、不斷革新、不斷積累、不斷深入，要把鄉風文明建設的大講堂搬到田間地頭和農家炕頭，始終以社會主義核心價值觀為引領，讓農村精神文明建設在全面建成小康社會中發揮越來越重要的作用。

6. 加強鄉風文明建設可具體側重哪幾方面工作

（1）環境衛生潔美工作

以引導農民群眾樹立良好衛生意識、養成良好衛生習慣為目標，開展環境衛生潔美行動，建立健全長效保潔機制，共同維護家園潔淨、美麗。

（2）婚喪禮俗整治工作

針對農村婚喪禮俗活動中存在的大操大辦、封建迷信以及擾民現象，大力開展婚喪禮俗整治行動，破除陳規陋習，推動形成文明節儉

新风尚。

（3）家风家训建设工作

积极推进家风家训建设，大力弘扬中华民族传统家庭美德，在全社会推动形成注重家庭、注重家教、注重家风的共识，以好家风好家训促进好乡风好民风。

（4）基层文明创建工作

充分发挥群众性精神文明创建活动在提升自我、改造社会中的重要作用，大力开展基层文明系列创建活动，激发基层活力，深化创建内涵，让文明新风蔚然成风。

（5）先进文化乐民工作

文化引领社会风气，具有敦风化俗的重要功能，坚持以文化人、以文育人，不断丰富农村文化活动，更好地满足人民群众日益增长的精神文化需求。

（6）志愿服务普及工作

着力普及以扶贫帮困、邻里和谐、保护环境为主要内容的农村志愿服务活动，帮助农民群众解决生产生活中的困难，推动形成互帮互助、向上向善的良好社会风尚。

（7）村规民约倡树工作

充分发挥村规民约的道德自律作用，鼓励村民自主协商制定村规民约，使其成为村民共同认可和遵守的行动规范，推动乡风民风美起来。

（8）乡风民风评议工作

注重发挥农村党员、干部、"五老"人员、新乡贤的示范带动作用，围绕思想道德、移风易俗、环境卫生、破除封建迷信等重点内容，组织开展乡风民风评议活动，引导广大群众由"要我文明"向"我要文明"转变。

7. 实际操作中推动乡风文明建设有哪些好的具体举措

在推动乡风文明建设的过程中，各地都存在较多较好的具体措施，一般来讲，可归纳为如下举措：

(1) 立体宣传，营造"新风"氛围

①广泛宣传。将移风易俗的好处、要求、做法、算账对比等群众好理解、易接受的数据、案例印制分发，并通过标语、宣传栏、宣传车、会议等多种形式广泛宣传，形成良好氛围。

②开展舆论监督。深入群众，深入基层，针对赌博、大操大办、相互攀比、铺张浪费、沉迷网络、斗酒贪杯等陋习推出典型个案曝光，通过正反面的方式旗帜鲜明地反对陈规陋习，倡导文明新风。

③深入挖掘典型事迹。坚持正面宣传为主，围绕弘扬陪伴孝敬父母、探望师长、看望乡亲、尊老爱幼等传统美德，推出一批正面典型，以正面典型示范带动移风易俗，推动形成良好风气。同时利用负面新闻，对不文明行为进行曝光，推动群众抵制不良风气。

④应用新媒体广泛宣传。挖掘先进典型，总结好的经验做法，运用网络、手机报、微博、微信公众号等新媒体平台让移风易俗家喻户晓，在加强正面宣传的同时，对一些不良现象进行曝光，使广大干部群众了解上下推动移风易俗的决心和信心，进一步扩大群众知晓率。

(2) 点面结合，"富裕"精神文化

①给农民脑袋"充电"。建设一批文化阵地、打造一支文化队伍。不定期、经常性开展"送戏下乡""书画下乡""科技下乡"等文化活动和志愿服务。这些丰富多彩的群众性文化创建活动，既丰富了群众精神文化生活，又增强了社会凝聚力、向心力，促进了社会和谐。

②实施"四大"工程，助力乡村建设。

A. 实施村庄整治工程，优化农村生活环境；

B. 实施文化惠民工程，完善文化设施，开展文化下乡活动，通

过群众喜闻乐见的文化活动，活跃农村文化生活；

C. 实施道德提升工程，利用开办道德讲堂，组建"乐帮志愿服务队"，建设农村"文明墙"，设立"遵德守礼"提示牌等形式，让文明新风入脑入心；

D. 实施村风文明工程，引导乡村制定完善村规民约，宣传文明守则，培育孝老敬老风尚。由热心村民组成志愿服务队为留守老人、生活困难的村民等提供订制服务，通过一系列举措措施，加强农村精神文明建设，提高农民思想道德文化素质和农村整体文明程度。

E. 文明同步，言行举止美起来。坚持一手抓人居环境改善，一手抓文明卫生习惯养成，推动现代意识、科学精神、文明理念植根农民群众头脑。实施"美丽农村文明生活"培训项目，以讲文明、讲科学、讲卫生为主题，广泛开展文明礼仪和科普知识宣传教育。开展丰富多彩、形式多样的婚育文明创建活动，提高群众的婚育文明程度。在充分发挥文明村镇示范带动作用的同时，发挥农村基层组织作用。

（3）统筹全局，汇聚"各方"力量

①紧贴农村实际，以社会主义核心价值观为根本，以建设"最干净、最文明"乡村为目标，通过加强阵地建设、提升内在素养、强化工作机制，深入推进移风易俗，培育文明乡风，激发广大群众脱贫致富的内生动力，使农村呈现物质文明和精神文明共同发展的蓬勃生机。

②成立民情理事会，由村里德高望重的老党员、老干部等组成，把改善乡风民风作为一项重点工作来抓；成立志愿者服务队，让互帮互助增进邻里情；开办道德大讲堂，引导村民移风易俗；定期评选文明家庭，树立文明新风尚。

8. 在乡风文明建设过程中，可从哪些方面加强农民思想道德建设

十九大报告提出要加强思想道德建设，"深入实施公民道德建设

工程，推进社会公德、职业道德、家庭美德、个人品德建设，激励人们向上向善、孝老爱亲，忠于祖国、忠于人民"。公民道德建设摆到了更加重要的位置，为提升公民素质进一步指明了方向。

从当前看，乡村村容村貌大变样，文化生活也日益丰富，然而，在一些农村陈规陋习仍然还有市场，如：婚丧嫁娶中的大操大办、土葬等。这些陈规陋习带来了诸多的问题：大操大办表面上看风风光光，实际背后却欠下难以还清的人情债，他人送礼给你，欠礼总是要还的，一来二往，导致恶性循环；土葬既占用土地，使原本紧张的土地资源更为紧张。陈规陋习不仅助长了奢侈浪费之风，而且增加了村民的负担，甚至导致因"礼"、因"葬"返贫。破除陈规陋习决非个人的私事，事关乡风民风，事关脱贫攻坚成效等等。

为此加强农民道德建设，大兴乡村文明新风显得非常紧迫，从各地对于此项建设的具体操作，归纳来说，主要体现在以下两个方面：

（1）加强农民道德建设须乡规民约进行约束

在新的时代人们的物质和文化生活有了显著的提高，各方面的变化相当的大，尤其是农村，农民收入稳步增长，生活一天比一天幸福，吃讲究营养，住讲究宽敞，穿讲究新潮，农村到处展现出一种新气象。在物质和文化生活得以满足的同时，更需要从素质上予以提升，坚守勤俭节约、反对铺张浪费，扬正气树新风，营造健康向上的良好风尚，除了进行公民道德教育宣传之外，还须通过村规民约进行约束，设立耻辱榜、提高榜、庆幸榜，让不文明现象曝光，由村干部带头做起，使这一制度得以执行。

（2）加强农民道德建设须注重先进文化引导

相对而言农村道德建设相对较薄弱，假如不用先进文化去占领意识形态阵地，一些陈规陋习将乘虚而入，树文明新风必须用先进的文化浸透和引领，不断巩固和壮大城乡基本文化阵地。既要"送文化"更要"种文化"，大力开展读书看报、写字绘画、吹拉弹唱、体育健

身等有益的活动。并且以群众喜闻乐见的形式将身边的事自编自演，以典型引路，抵制陈规陋习，用道德文化和舆论的力量营造健康向上的氛围，使公共文化的空间不断的扩展，不断丰富农村群众文化生活、促进农村树文明新风。

十九大报告提出，实施乡村振兴战略，要坚持农业农村优先发展，按照产业兴旺、生态宜居、乡风文明、治理有效、生活富裕的总要求，建立健全城乡融合发展体制机制和政策体系，加快推进农业农村现代化。其中，把乡风文明摆到了重要的位置，乡村振兴不仅是要让农民收入提高，更需要道德素质大提升，抵制各种不道德的行为，以正压邪，共同筑造精神家园，使生活富裕起来，让精神充实起来，有更多的获得感和幸福感，为乡村振兴战略提供强有力的支撑。

9. 激活乡贤文化对加强乡风文明建设有何意义

什么是乡贤？一般来说，乡贤大多是饱学之士，贤达之人，他们或致仕，或治学，或经商，或有独特的人格魅力。以往，乡贤是社会教化的启蒙者、乡村内外的沟通者、造福桑梓的示范者。

城镇化浪潮之下，许多外出的人，对家乡仍存有着深深的眷恋与认同。在经济不断发展的今天，如何让"风筝不断线"，如何让走得再远的人也不至于"失魂落魄"，没有认同感？乡贤，就是能起到这种作用的关键人物。

近年来，许多村镇都在积极谋划，透过同乡互助、团结合作的精神，带动乡风文明建设。归纳来讲，有如下几点体现：

（1）请来"乡贤"上党课，让以社会主义核心价值观、乡风文明为主题的党课，成为村里人学习政策、倾听心声、交流思想、共商发展的一道独特风景

乡贤们可以用自己丰富的人生经历、知识积累和那份特有的乡土情怀，传播传统文化，感染和教化身边的党员、群众，他们知道群众

最需要什么、最爱听什么，他们分析党的政策、讲身边好人的故事、讲自己的感悟，群众喜欢听、听得进、能共鸣，促进农村的稳定、和谐和文明。

这是一股磅礴的力量。由乡贤们带领群众学习传统文化、学习国家政策、学习乡贤文化，聚沙成塔，集腋成裘，汇聚起推动发展、乡风文明的磅礴力量。

让乡贤带领群众致富、调解社会矛盾、传承优秀文化、帮扶弱势群体、加强环境整治，起到了不可替代的作用。

（2）激活乡贤文化，涵养文明乡风社风

那些为人推崇敬重的乡贤，以丰富的经验和良好的文化道德修养，日益成为影响教育百姓的道德标杆和精神榜样，成为乡村治理的重要力量。

"乡贤"从传统"老理儿"出发，从家庭亲情入手，凭借长辈身份和道德威望，用老百姓的"法儿"平老百姓的"事儿"，减少了社会不安定因素，成为乡村治理的重要力量。

村里的百姓闹纠纷、工作与村民产生利益冲突，干部出头调解容易让村民认为事情"经了公"，易积仇结怨。由威望高的乡贤人士来调解纠纷，乡亲更易于接受。要推动乡村文明发展，就要挖掘和传承乡土历史文化，进行道德教育和礼仪培养，以塑造和凝聚乡村文化之魂，也即乡贤之魂。

10. 如何挖掘乡贤智慧与力量，助力文明乡村建设

乡贤作为一个特殊的社会群体，必须强化其凝聚力、向心力，让其在乡村成为引领村民积极向上的正能量，成为凝聚村民人心的磁场。那么，该如何挖掘乡贤的智慧与力量，从而更好地助力文明乡村建设？在此方面，许多村镇都在多举措探索乡贤理村新模式，归纳来讲，有如下一些方式：

首先，可以立足本地开展乡土精英重塑活动，吸引乡贤参与文明

乡村建设，并推动本地民间人才的培养与挖掘。比如可让当地民间协会时常在村里组织文艺活动，让当地村民积极地参与其中。丰富的活动不仅可以拉近邻里之间的关系，也可推动村镇文化活动的发展。

其次，可成立能够为家乡发展出谋划策、献计出力的乡贤精干队伍，让被群众所尊重的"明白人"，用他们德治、善治、诚信的文化力量带动本地经济、文化及社会发展，用德艺双馨的名人文化魅力为本地传播风清气正、崇德向上的正能量，用嘉言懿行垂范乡里，涵育文明乡风，为农村发展注入新的活力。

"随风潜入夜，润物细无声。"乡贤的引领示范作用，就如一场场润物无声的春雨。乡贤既挑起了治理乡村的重担，又充当了"讲道德、明是非、守纪律"的传声筒和农村精神文明建设离不开的榜样。他们身上散发出来的文化道德力量可教化乡民、反哺桑梓、泽被乡里、温暖故土，对凝聚人心、促进和谐、重构文明乡村大有裨益。

11. 移风易俗在乡风文明建设中的重要意义是什么

求治之道，莫先于正风俗。农村的协调发展、社会的全面进步，离不开文明乡风的助推、精神文化的涵育。当下，尊良俗、去低俗、废恶俗日益成为广大人民群众构建精神家园的热切期盼，扮靓美丽乡村的共同心声。

移风易俗，表面上是改变行为习惯，实质上是改变价值观念，是一个"老大难"问题，"老"在千年遗风，"大"在千家万户，"难"在除旧布新。在社会主义核心价值观建设蓬勃开展的今天，一些农村地区的不良风气、陈规陋习仍然大行其道：有的相互攀比，大摆婚庆宴席、大收天价彩礼；有的讲究排场，大搞封建迷信、大办豪华葬礼；有的碍于面子、盲目从众，大操大办老人寿诞、小孩满月、子女升学、新居乔迁等名目繁多的活动。还有的村庄室内很现代、室外很脏乱，生活很富裕、文化很匮乏。凡此种种，已经成为人们心中难以割舍之痛，

成为美丽乡村建设的污浊混沌之气，成为文明乐章中的不和谐音符。

变俗易教，不知化不可。风俗作为一种地域文化，有其形成和发展的规律，要移之以情、易之以理、管之以法，多用"育"的方式、"化"的手段，因其俗、简其礼，抑扬并举地推进移风易俗，而非简单粗暴地变其礼、革其俗。毕竟，人情礼俗是维系农村社会关系的纽带，还应区别看待、辩证取舍，好的传统要继承，不科学、不文明的习俗要改进，陋习恶习则要摒弃。党委、政府有关部门应主动担当、积极作为，统筹考虑群众意愿、党政意图、社会意见等因素，结合推进基层社会治理和文化惠民，选准撬动的突破口和着力点，发挥良性引导和理性"推手"作用。同时，应大力挖掘和倡导优良家德、家规、家训、家谱，将其崇德向善、勤俭持家，清白做人、诚信友善的清风正气融入村规民约，使法治精神在村庄落地生根。

风成于上，俗化于下。党风政风对民风有着直接而强大的影响力。党风正，则民风淳朴。推动移风易俗，广大党员干部要带头示范、躬身践行，从自己做起，动员亲朋好友一起做，少随礼、少办酒、简办事、不铺张，坚决抵制黄赌毒和封建迷信，做移风易俗的先行者、先倡者。尤其，要大力传播符合当代中国价值观念的文明新风，将其化入人心、融入生活，促进形成人人弘扬传统美德、家家树立文明新风的生动局面。

风俗之变，迁染民志，关之盛衰。移风易俗非一日之功，更不可能毕其功于一役，需要久久为功、常抓不懈。对此，我们既要有足够的恒心、耐心，又要有坚定的信心、决心；既要循循善诱，又要言传身教，在潜移默化中改变不合时宜的旧习俗、在润物无声中植入民淳俗厚的新风尚，让文明之花在广袤农村大地盛开绽放。

12. 如何更为有效地推动移风易俗工作开展

婚丧嫁娶、起土上梁、乔迁升学……这些乡村社会的常态化生活

场景，在中国的广袤大地上各具特色，但大体相同的仪式和传统，体现了千百年来约定俗成的人文情怀。红白筵席、彩礼嫁妆，人情往来本意是维系情感，一旦夹杂了太多功利意识和攀比心理，就使传统习俗变成了陋俗，败坏了社会风气，扭曲了正常的人际关系，加重了很多人特别是农民的经济负担。这就必须引起全社会的高度重视，必须采取有力措施加以改变。

古往今来，移风易俗是个永恒的话题。"孝公用商鞅之法，移风易俗，民以殷盛"；汉朝视"风俗"攸关国运兴衰；"致君尧舜上，再使风俗淳"是杜甫一生的政治理想。中国共产党一贯主张移风易俗，毛泽东曾提出"移风易俗，改造国家"等主张。党的十八大以来，大力推进和深化社会主义核心价值观建设，明确要求"弘扬中华传统美德，弘扬时代新风"，去除不适应时代发展的陈旧风俗，树立文明乡风，建设中华民族共有的精神家园成为题中应有之义。如何更为有效地推动移风易俗工作开展？从各地工作开展归纳来看，可注意以下两点：

（1）移风易俗，讲究方法才能事半功倍

不良习俗的形成，与地方传统和民众心理息息相关。政府要充分发挥主导作用，将移风易俗作为推动社会主义核心价值观建设、党风廉政建设、美丽乡村建设、脱贫攻坚的一项重要工作来抓；党员干部更要以身作则、率先垂范，带头执行移风易俗相关规定，在移风易俗活动中充分发挥好表率作用。如建立党员干部办婚丧喜庆报告制度，基层党校面向党员干部开展移风易俗讲座，党员干部自觉破除陋习，带头树立文明健康生活方式，措施得力，效果明显。道理很简单，领导干部自己生活俭朴作风优良，就是一种无声的宣言，会使群众见贤思齐，带动一方好风气的养成。

（2）移风易俗，也要充分发挥村民自治的作用

如建立红白理事会，让有威望的乡贤、老干部、老教师加入，倡导红事新办、白事简办，明确农村红白事参照标准，各村商讨确定本村标准，写入村规民约。通过发挥村民议事会、道德评议会、红白理事会等群众组织的作用，引导村民自觉遵守和维护村规民约，实现自我管理、自我教育、自我服务、自我约束。这样的做法，值得学习、推广。

世异则事变，事变则时移，时移则俗易。今天，我们倡导移风易俗，树立社会主义文明新风尚，既是推动全面建成小康社会、全面深化改革、全面依法治国、全面从严治党的迫切需要，也是每个公民责无旁贷的义务。

13. 如何在乡风文明建设中根本遏制天价彩礼现象

天价彩礼掏空了不少贫困家庭多年的积蓄，恶性循环之下的天价彩礼异化了乡风民俗，腐蚀了村民原本质朴的价值观和金钱观。如果在乡间田野进行调查，就会发现很多农民都有改变这一恶风恶俗的强烈愿望。

然而，从多地泛滥成灾、根深蒂固的彩礼顽疾来看，单靠民众个体基本无力与这种"恶俗"相抗争。单纯依赖乡村彩礼的习俗进行自我净化，不知道要等到何年何月。而在天价彩礼泛滥的过程中，有多少可以借助以往积蓄脱贫致富的农民兄弟，只能在还债中蹉跎了岁月。更有甚者，一些人的儿子都要结婚了，自己当年结婚时借的彩礼钱还没还完。

可以看出，很多民众都是在被恶风恶俗推着走，他们既是受害者，又是施害方，陷入了恶性循环无法自拔。因此，在根治天价彩礼的问题上，必须有强大的外力来推一把。当下，在各地对于天价彩礼方面的治理工作中，地方政府也都开始理直气壮地管起来，有关方面也都负起主体责任，主动作为，指导引导各乡各村因地制宜制定乡规民约，提升这一问题的基层治理能力。

当然，基层政府必须注重方式方法，从各地的治理工作经验中，

归纳如下：

（1）不要简单粗暴一刀切，要"巧作为"，才能贴民心，解民忧

要善于动员各方力量，因地制宜地汇聚各方智慧，激活民间组织的主动性和积极性。例如用"红白理事会"对村中大操大办红白喜事的行为进行监督劝诫。婚礼多跨村进行，如果每村能有群众性的彩礼劝诫机构，以乡规民约进行约束，一段时间后定能改变群众的观念，遏制"高额彩礼"频发势头。

（2）除"红白理事会"这种"专职"民间组织之外，不少地区也不妨借助乡贤的力量，开展移风易俗的工作

近年来，各地村镇，不少村居都成立了"乡咨委"，成员少则数十人、多则上百人。"乡咨委"成员涵盖不同年龄、从事各行各业，他们既熟悉本地乡情、又了解外界发展，为反哺家乡带来不少"新点子"。可见，如果能把这部分人组织起来，让这些乡里乡亲中的"能人""明白人"带头抵制天价彩礼，向村民们讲明彩礼恶性循环带来的危害，一定能起到良好的效果。

（3）政府的"有形之手"必须给力，才能让这股天价彩礼的歪风邪气尽快得到遏制，早日为苦不堪言的农民们松绑，打破恶性循环的链条

很多地方会从开展教育活动、规范农村中介行为入手，通过探索在乡镇建立婚介所、倡导成立婚介机构行业协会，加大对职业婚介所、婚介人的培训力度等，引导婚介所、婚介人（俗称职业媒婆）等规范自身行为，促进行业自律。

（4）治理农村天价彩礼现象，还须抓住基层党员领导干部这个"关键少数"，让党员领导干部在移风易俗的过程中发挥表率作用

"村看村户看户群众看干部"，曾几何时，个别党员领导干部甚至成了婚丧嫁娶大操大办的"带头大哥"。反过来，在遏制天价彩礼等农村不良风俗过程中，农村党员领导干部可以利用他们的威望移风易俗。因此，相关部门还可以尝试出台相应的规章制度，率先对党员干部及其子女婚嫁中畸高的彩礼进行约束，让他们身先士卒对"天价彩礼"说不；对于违规大操大办的党员领导干部，可从党纪政纪上给予批评教育乃至处分。

(5) 相信各地有关方面主动作为，出台引导性指导性措施，借助民间力量有作为巧作为，多措并举、多管齐下，一定能破解天价彩礼死循环。

14. 在村规民约拟定的过程中需要重点注意哪些要素

(1) 强调村民自治

确保村民全部参与进来，召集全组村民开会讨论，广泛征求意见建议。村两委收回各组反馈意见，采纳村民合理化建议，形成初步方案。召开村民代表大会举手表决，表决通过后，村（居）民委员会向镇乡人民政府送交备案文书。制定村规民约（居民公约）从群众反映强烈的问题入手，在其施行过程中，根据实际情况，适时进行修订和完善。

(2) 注重本地实际

虽然已有基本样本，但主要是用以参考，从各村（社区）实际情况出发，客观上要求做到"一村（居）一策"；注重针对性和可操作性。例如有的村礼金攀比严重就加入了"大操大办要不得，勤俭节约是美德"；开展新农村建设的村加大对违规搭建、乱扔垃圾的村民的教育处罚力度。

(3) 村民自觉遵守

通过开会、张贴，印刷小册子、画报等形式，创新宣传载体，形成定期评比等措施，引导村民自觉遵守村规民约。

15. 各地在乡风文明建设中，有哪些好的乡规民约值得借鉴

立身处世需自强，言行准则守规章。法纪道德记心里，正义垂范

正气涨。人生出世苗出壤，接人待物礼谦让。严己宽人真诚在，人敬一尺还一丈。——福建莆田·新乌垞村

进城务工好儿男，挣钱勿忘把家还。莫负留守亲情盼，慈孝美德代代传。——重庆渝北·草坪村

村规民约墙上裱，各项规定列条条，大家规定共遵照，——要记牢。

尊老爱幼入头脑，赡养父母尽孝道，粗语脏话要去掉，——大家笑。

夫妻相敬直到老，婆媳妯娌相处好，邻居团结乐淘淘，——和重要。

移风易俗有新标，勤俭持家最可靠，迷信浪费可不搞，——不动摇。——山西晋城·张马村

同乡共井，相见比邻，虽不及家人骨肉之亲，然亦当和睦以相向，故必出入相友，守望相助，疾病相扶，有无相济。若势力相投，贫富相欺，大小相拼，或因小事相争讼，或以小忿相仇杀，此为陋恶之俗，凡吾族中，当切戒之。——广东河源·羊石村

村之民，性本善。邻相近，习相远。约此规，共尊传。新村民，兄妹情。团结紧，心相印。五包容，自律行。——江苏太仓·东林村

二、国内实践

1. 山东：乡风改革催生"乡村儒学现象"

在农村，白事是个焦点，老辈们留下来的丧葬习俗在有些人心里很牢固，圈地建坟，大操大办，相互攀比。但从 2017 年 5 月 10 日开始，这个现象在山东省沂水县林家官庄村悄悄发生了变化。从那天起，县里对具有沂水户口，在当地死亡的居民，从遗体运输费、火化费、骨灰盒等费用直到公墓安葬，全都由县财政承担，逝者统一安葬在公益性墓地。

村里共有 800 多口人，按传统丧葬习俗 20 年左右就会把原有的占地 16 亩的公墓全部占满了，而现在新建的公墓，1 亩地可以建 200 个双穴墓，相当于省下了一二百亩地。

原来村里办场丧事劳民伤财，光帮忙的人就有几十个，吃喝烟酒、纸扎孝衣、火化修墓穴等，至少要花两三万元，相当于一般家庭一年的收入。现在纸扎、孝衣没有了，火化、骨灰盒等花费政府又包了，加上红白理事会全程操办，一场白事下来 3 000 元都用不了。

人民有所呼，改革有所应。沂水县在全县范围内实施了全民惠葬政策，实现了群众、社会、生态多方共赢。沂水县委负责人说，如果不改，就连保住耕地红线都要受影响，新政实施后，既节约了土地资源，又减轻了群众负担，同时也保护了生态环境。

乡村振兴，乡风文明不可或缺。山东把移风易俗作为乡村振兴的重要抓手，大力倡树文明新风，积极推行喜事新办、丧事简办、厚养薄葬。积极为村规民约立规矩，发动村民议定移风易俗事项，写进村规民约，村民签订承诺书，让红白事简办有依据、让攀比者无借口；指导村里成立红白理事会，制定章程，明确标准，免费操办红白公事，全省成立农村红白理事会 8.6 万余个，建立"喜丧大院""村民礼堂"等红白事办理场所 5 756 个；建成基层"道德讲堂"5.6 万多所，乡

村儒学讲堂发展到 9 200 多个，举办活动 4 万场次，参与群众 500 多万人次，形成了独具特色的山东"乡村儒学现象"。

2. 浙江嘉兴："农村文化礼堂"推动乡风文明

2017 年以来，嘉兴市南湖区农村文化礼堂"提档升级"步伐不断加快，5 家列入提升改造计划的农村文化礼堂都已完成硬件升级，农村文化礼堂"一堂一品"培育步伐也随之加快。

南湖区将余新镇打造为全市"互看互学互比互评"工作试点，试行文化企业项目化介入、村民自主式融入和政府部门指导式管理的融合互动机制。

嘉兴市余新镇普光村农村文化礼堂，优良的"软硬件"、浓厚的文化底蕴、特色彰显的活动、日益高涨的人气……南湖区打造的"高配版"农村文化礼堂，获得了众多好评。

美丽的"台风蓝"配上古色古香的建筑，犹如走进一幅画卷之中，拥有浓浓"老底子回忆"的农耕文化展示馆是普光村文化礼堂里的一大特色，也让人眼前一亮。整个展馆里面展示的是古农具与古家具，展现了耕作、织布、缝衣、磨粉等劳作工具，有点年纪的长辈们进来看到这些器具时，都会唤起自己儿时的记忆。

村文化礼堂内的图书馆人气也很旺。在里面看书学习的孩子和家长很多，村民们的日常活动爱好已经变得更"文雅"。现在每天晚上都有 200 多名村民到文化活动中心、体育中心、图书馆等场馆参加文体娱乐活动。文化礼堂还时常举办民俗礼仪、培训讲座、文化走亲等丰富活动，村民们的参与热情都很高。演出前后，村民们还会一起拉拉家常、聊聊天，非常热闹。

同时，围绕农村文化礼堂每月活动主题，广泛开展"三团一微""特色巡礼""家风家训"等活动，把社会主义核心价值观、美丽乡村等送进文化礼堂植入村民心中。据不完全统计，2017 年上半年，南湖区各文化礼堂开展了包括节庆活动、礼仪活动、志愿服务、时事政策宣讲等系列活动共计 800 余场次。

3. 河北：遏制红白喜事"舌尖上的浪费"

在一些地区，"儿子娶个妻，爹娘扒层皮"，红白喜事、满月宴等宴席名目繁多，群众互相攀比大操大办，成为一项沉重的人情负担。一些地方的婚宴，除了动辄十几道的凉菜、热菜，还要上"十大碗"蒸菜，鸡鸭鱼肉吃不完都要白白倒掉。红白事随礼，也成为村民一项经济负担。

面对这种"舌尖上的浪费"，河北不少地方成立"红白理事会"，革除婚丧陋习，倡树文明新风。2014 年以来，磁县在 200 多个村庄成立"红白理事会"，村民共同制定村规民约，倡导"婚事新办、丧事俭办、喜事简办"。

"藕片、焖子、豆腐干、麻酱豆角……过去婚宴上的"七凉八热四扣碗"，改为了"七个菜加一碗大锅菜"。谈起婚宴，河北邯郸磁县讲武城镇南孟庄村村民很高兴："按照村里婚丧嫁娶统一标准举办，婚礼办得顺利热闹，节约了一万多元，我们既高兴又省心。"

南孟庄村红白理事会长说，村里规定了红白事标准，党员干部带头倡导示范，既省了不少麻烦事，也帮助村民节省了开支。有了办事标准，村民不再互相攀比，也不必担心亲朋好友和街坊邻居瞧不起，婚事新办、丧事简办风气逐渐形成。

规定宴席的桌数、烟酒标准和宴请宾客的范围，不准违规收受礼金……河北省制定了党员干部操办婚丧喜庆事宜规定，为推进作风建设常态化、长效化提供遵循。许多事情有了明确的"硬杠杠"，既管住了攀比浪费，也管住了"任性的权力"，还遏制了大操大办、借机敛财。

目前，河北邯郸、廊坊等地不少农村都成立了"红白理事会"。未来，

全省数以万计村庄都将通过村规民约，遏制铺张浪费陋习。一些地方党政机关细化规章制度，通过预先报备、提醒监督等方式，推动移风易俗。如今，从党员干部到普通群众，红白事逐步改变了攀比摆阔风气，变得越来越接地气，"舌尖上的浪费"得到有效遏制。

4. 成都双流：里子要和面子一起新

今后的乡村什么样？不同的人有不同的答案，但有一点是共识：既要"面子"也要"里子"，不仅要宜居宜业，也要乡风文明。

四川省成都市双流区充分发挥群众主体作用，锁定"业兴、家富、人和、村美"四个标准，全域建设美丽幸福新村，打造升级版的新农村。打造美丽乡村，房子建好了，并不意味着美丽幸福新村就建成了，还要给它"铸魂"，通过文化建设让乡村更有内涵。

2017 年，黄甲街道以八角水寨新村为样本，以开展家风建设活动为抓手，推动移风易俗，打造社会主义核心价值观特色新村。黄甲街道党工委副书记介绍，家风建设活动主要以"六个一"为建设载体：

（1）到八角水寨新村每家每户发放一份调查问卷，了解群众参与意愿；

（2）深入农户挖掘撰写一个家风故事；

（3）帮助群众推敲拟定一份家规家训，并请书法志愿者书写装裱；

（4）邀请摄影志愿者为每户群众拍一张全家福；

（5）引导群众共同参与拟制一份移风易俗倡议书，并通过村民代表大会表决确定为"村规民约"；

（6）组织一场家风主题故事会，邀请群众代表上台讲述家风故事。

志愿者深入群众家中，在拉家常中发掘家风故事；在推敲提炼家规家训阶段，志愿者只提供文字表达方面的帮助，家规家训的核心和方向由群众自己做主。这样在潜移默化中将群众的主体意识调动起来，整个活动开展得扎实有效。

对尊老孝老的践行，对以诚待人的认同，对乐于助人的褒扬，对和睦相处的肯定，对自立自强的坚持……家风故事会上，朴实无华的正能量入脑入心。房屋墙面上，体现中华民族传统美德的大型手绘宣传画引人注目。公共绿地上，遍插60余幅本地村民家规家训的铭牌引人驻足。村民都说，现在新村不仅村容整洁，环境优美，而且很有文化气息。

第四节 治理有效篇

一、答疑解惑

1. 乡村振兴战略中治理有效的内涵是什么

十九大报告指出，实施乡村振兴战略，要按照产业兴旺、生态宜居、乡风文明、治理有效、生活富裕的总要求，建立健全城乡融合发展体制机制和政策体系，加快推进农业农村现代化。

其中，治理有效，就是要加强和创新农村社会治理，加强基层民主和法治建设，让社会正气得到弘扬、违法行为得到惩治，使农村更加和谐、安定有序。

2. 健全自治、法治、德治相结合的治理体系对乡村治理工作有何重大意义

党的十九大报告提出，健全自治、法治、德治相结合的乡村治理体系，这是首次在党的重大报告中针对乡村治理问题提出这一要求。建设"三治合一"的乡村治理体系，既是在全面依法治国的当下加强基层民主法治建设的应有之义，也是着眼于新时代乡村社会转型发展的现实挑战和实现乡村振兴战略的本质要求，更是推进国家治理体系和治理能力现代化的重要基石。

社会治理体系中，乡村社区是最基本的单元，是服务群众的"最后一公里"。基层社区的服务和管理能力强了，社会治理的基础就实了。改革开放以来，我国乡村社会逐步由相对封闭的静态转型到流动加剧的动态，农业生产方式日益变革、农村社会结构日益分化、农民思想观念日益多元，传统的乡村治理模式越来越难以适应新形势。"三治合一"的乡村治理体系的提出，为推动社会治理重心向基层下移指明了方向，为乡村由"管理民主"向"治理有效"的升级找到了路径。

(1) 自治是健全乡村治理体系的核心

村民自治制度是中国特色社会主义政治制度的主要组成部分，村民委员会的公开透明选举保障了村民行使民主权利的途径，村务公开、

民主评议等畅通了村民表达利益诉求的渠道。坚持和完善村民自治制度，必须坚持党的领导，要通过派驻第一书记、驻村工作队和壮大集体经济等措施，强化村党支部的堡垒作用，密切党同广大农民的血肉联系、巩固党在村民当中的威信，要加强村务监督委员会建设，健全务实管用的村务监督机制，开展以村民小组、自然村为基本单元的村民自治试点工作，发挥好村规民约在乡村治理中的积极作用，确保亿万农民在稳定有序的基层民主实践中逐步提高民主素养。

（2）法治是健全乡村治理体系的保证

乡村治理体系能否平稳运行取决于乡村治理法治化的进展水平。目前，我国乡村治理基本做到有法可依，但还存在着法不全、普法难、用法难、执法难、监督难等问题，"遇事找关系、办事讲人情、信官不信法、信权不信法"的现象还比较突出。当前，要加快涉农立法速度、提高立法质量。更要加快完善乡村法律服务体系，加强农村司法所、法律服务所、人民调解组织建设，推进法律援助进村、法律顾问进村，加大普法力度，大幅度降低干部群众用法成本，用一个个公正的判决，推动基层干部群众形成亲法、信法、学法、用法的思想自觉，强化法律在化解矛盾中的权威地位。

（3）德治是健全乡村治理的支撑

乡村是人情社会、熟人社会，而人情与道德、习俗等相连，善加利用引导便可形成与法治相辅相成的德治。而实际上，德治在我国古代基层治理中有着较为丰富的借鉴资源，所谓"无讼"即是依靠乡土社会的礼治秩序对人们形成规范。进入新时代，我们要传承弘扬农耕文明的精华，塑造乡村德治秩序，培育弘扬社会主义核心价值观，形成新的社会道德标准，有效整合社会意识；注重树立宣传新乡贤的典型，用榜样的力量带动村民奋发向上，用美德的感召带动村民和睦相处；大力提倡推广移风易俗，营造风清气正的淳朴乡风。

在我国新型城镇化加速推进、城乡一体化加速融合的时代背景下，实现乡村社会治理现代化建设任务愈发紧迫。"三治合一"的乡村治理体系的提出，为我国乡村社会走向"乡风文明"，实现"治理有效"，开辟了新境界，也必将为广大农村"产业兴旺""生态宜居""生活富裕"提供坚实支撑。

3. 如何将自治、法治、德治"三治"在乡村治理中高效融合

自治、法治、德治"三治"融合，将发挥乡村治理的最大能量，营造人人共建共治共享的局面，最大限度地激发农村发展活力，更好更快推进农业农村现代化。

党的十九大报告提出，"加强农村基层基础工作，健全自治、法治、德治相结合的乡村治理体系"。乡村治，则百姓安。农村要成为安居乐业的家园，离不开科学有效的治理。在"三治"融合方面，许多县市在自身乡村治理工作中都有一定的实践，归纳来讲，有如下几个方面：

(1) 自治方式激发治理活力

村民自治的核心在于全面推进"四个民主"，积极执行"三级议事例会""四议两公开"等务实管用的村务管理机制，把涉及群众切身利益的事情摆出来让群众议，让老百姓充分参与村务管理。同时注重强化党支部的统领作用，增强对村民自我约束、自我管理、自我服务的引导。

(2) 法治手段维护公平正义

法律作为具有普遍约束力的特殊行为规范，在人情关系复杂的乡村，最具说服力和公信力。近年来，多处县市以完善乡村法律服务体系为重点，以"一村一警一律师"为载体，打通法律服务"最后一公里"，让群众感受到法律的存在、认知法律的尊严、增强对法律的信仰，法治在乡村治理中的权威地位不断增强。

(3) 道德力量纠正失德行为

注重优秀传统文化挖掘，注重社会主义核心价值观培育践行，注

重先进典型倡树，更好地发挥德治在矛盾纠纷化解、乡风文明引领方面的作用。持续开展"道德模范""最美家庭"等评选活动，以文化传承无声润物，用身边榜样示范带动，使乡村更加和谐安定，民风更为厚道淳朴。

自治、法治、德治"三治"融合，将发挥乡村治理的最大能量，营造人人共建共治共享的局面，最大限度地激发农村发展活力，更好更快推进农业农村现代化。

4. 未来的乡村治理工作需要克服哪些问题

未来的乡村治理需要克服两个倾向：

（1）在认识上，不能把乡村治理单纯理解为秩序稳定、社会安定，而是要作为乡村振兴的重要方面来体现，是人民对美好生活需要的重要内容，体现人们对当家作主权利诉求以及对和谐社会环境的向往。

（2）在乡村治理途径上，要克服"为民做主"的倾向，不能想当然地安排或干涉老百姓的生产和生活。这就需要了解乡村基本特点，懂得乡村社会文化结构和基本功能，理解村民真实生活需要，更要清楚乡村治理文化的要素和载体。这个载体就是村落以及与村落有关的社会结构，皮之不存，毛将焉附？载体消灭了，乡村治理文化也会消失。国家最新的中央经济工作会议，明确指出健全城乡融合发展体制机制，清除阻碍要素下乡各种障碍，其中有一点对乡村治理特别重要，这就是不要断了人们（乡贤）返乡的路。

5. 如何解决"三治合一"乡村治理体系建设过程中所遇到的具体问题

农业生产方式变革，农村社会结构分化，乡村精英人才外流，传统宗法观念影响……乡村是国家治理体系的"末梢"，如何应对诸多挑战，治理出美丽乡村，是一个重大课题。相关领域的众多专家学者

都给出了自己的意见，归纳如下：

(1) 有序参与，让村民自治更有活力

村民自治制度是中国特色社会主义民主政治的重要组成部分。近些年来，随着城镇化演进，农民流动性增强，传统的乡村社会不断被解构和重构，村民自治制度也不可避免地面临一些亟待破解的难题，一些地方配套法规不健全，村民自治意识和热情不强，乡镇管理和村民自治的关系未理顺，村党支部和村委会分工不明，村民自治缺乏经费保障……

要打破上述治理困境，迫切需要培育农民组织，走一条多元主体组织化、制度化参与农村社区管理的道路。

城镇化让农民进城的步伐加快，有些村庄成了空心村，丧失了自治能力，如何应对这一趋势？未来的乡村治理必须考虑农业现代化和城市化这两个前提。留下来的专业农户适合分散居住，会形成由几户人家构成的小型居民点；而脱离了农业的原农村居民，会倾向于公共服务较好的较大居民点。这种人口布局下形成的农村社会，把自治重心下移至村民小组，通过设立"村小组议事会"并赋予其决策权、监督权和议事权，充分发挥村民自治的自我管理、自我服务、自我监督的功能，激发村民自治活力。

协商民主成为党的十九大报告的热词，如何形成完整的制度程序和参与实践，保证人民在日常政治生活中有广泛持续深入参与的权利，考验着我们现有的治理体系。近年来，许多地方创造性地开展"民主恳谈"、推动"参与式预算"等基层协商民主的实践，是乡村治理的重要模式创新。基层协商民主通过广泛吸收社会各方面的意见和建议，充分讨论、论证和协商，提高了决策的民主性和科学性，为干部与群众交流提供了制度化的平台，有利于治理目标的实现。应鼓励各地创造符合自身情况的治理形式，让实践经验从自发性创造提升为制度化安排，对可复制的经验做法尽快推广。

（2）加快立法，推动乡村治理法治化

长期以来，熟人社会中的人情、面子和传统宗法观念是涉农法律体系中非常重要的"软法"。这固然能形成行之有效的治理模式，但也造成了"讲人情""讲关系"状况的普遍存在。很多村民在自身合法权益遭受侵害时不知道运用法律武器维护，小纠纷激化成大案件时有发生。一些极端情况下，还会发生村规民约与国家法律法规冲突的情况。

处理好软法与国家法律法规之间的冲突，消除宗法观念的负面影响，让其合理因子重焕生机，也是乡村治理的重要课题。要正确定位"情、理、法"，深入乡村开展法制宣传教育，引导村民遵守法律、有问题依靠法律来解决。

乡村治理法治化是乡村治理现代化的前提。当前乡村法治建设的主要抓手是加快涉农立法速度、提高立法质量。其次，要完善乡村法律服务体系，加强农村司法所、法律服务所、人民调解组织建设，推进法律援助进村、法律顾问进村。

2017年初，最高人民检察院印发《关于充分发挥检察职能依法惩治"村霸"和宗族恶势力犯罪积极维护农村和谐稳定的意见》，强调要坚决依法惩治"村霸"和宗族恶势力刑事犯罪，突出打击为"村霸"和宗族恶势力充当"保护伞"的职务犯罪。"村霸"背后大多有宗族恶势力，要消除宗法社会的负面影响，让宗族恶势力难成气候。大学生村官与当地没有宗族纠缠，接受过系统的高等教育，知识水平较高，有利于强化农村基层组织队伍。

（3）重视乡贤，重振崇德之风

兼具德行、才能和声望，深受村民信任和尊重的贤能人士被称为"乡贤"。在当下的乡村治理体系中，如何让崇德之风重新振作？"乡贤"在乡村治理体系中的作用如何激发？

在人才精英大量涌入城市的今天，为了破解农村人才流失的困局，许多村镇通过组建乡贤参事会、联谊会，利用"村支两委＋乡贤会"的形式，充分发挥乡贤的带动作用，盘活凝聚乡贤资源，从而实现"反哺"家乡。

乡贤以自身的道德感召力量教化村民、造福桑梓，让传统文化价值无远弗届、凝聚人心，对促进农村的和谐稳定，涵养守望相助、崇德向善的乡风文明具有积极作用。此外，乡贤有助于塑造当代乡村文化建设主体，从根本上解决乡村文化建设内生力量不足的问题。

乡贤文化是中国传统文化在乡村的一种表现形式，是一个地域的精神文化标注。从乡村走出的精英成为连接故土、维系乡情、探寻文化脉络的精神纽带，在国家治理和社会稳定方面具有不可替代的作用。建议发现和塑造有见识、有担当、有威望又自愿扎根乡土的乡村能人，树立新的社会公序良俗标尺。同时，出台鼓励发展乡贤文化的政策措施，完善乡贤回乡的配套政策，寻找和联系离开家乡但心系故土的本土精英。搭建新乡贤参与乡村建设和回乡创业的平台，形成政府主导、多方合作、共促发展的格局。

在现代乡村治理中重拾"乡贤"概念，并不是简单地复古，而是辩证取舍、合理扬弃，要将现代新乡贤作为乡村治理的重要力量，催生"见贤思齐、崇德向善、诚信友爱、造福桑梓"的强大乡贤力量，构建兼具乡土性与现代性的乡村治理模式，最终推动中国特色乡村治理现代化。

6. 各地在乡村治理工作的经验方面，有哪些收获

(1) 发扬乡村自治传统

我国具有悠久的农耕文明和乡村自治传统，在村落里人们使用共同的资源、维护共同的环境和秩序，逐渐形成了共同的信仰和行为规范，也就有了"德业相劝，过失相规，礼俗相交，患难相恤"的乡村治理传统。随着乡村生产与生活方式、人口结构和社会结构的变化，

以及人们民主观念和法治意识的增强，乡村治理传统需要与时俱进。为适应乡村治理新要求，广大乡村创造了许多有效的治理经验，如培养农民的主体性，通过农民自己制定"村规民约"实现自我约束、自我管理，维护村民共同利益，解决了许多乡村长期以来难以解决的问题；乡村建设中的"一事一议"促进村民参与能力；设立"说事评理中心"，让农民自己通过辩论明辨是非；设立乡村调解员，逐渐形成矛盾化解机制；构建新的村落共同体，发挥村民互助功能。这些都是在新的情况下，发扬自治传统的创新之举。

（2）弘扬乡村德治文化

乡村是以熟人社会为基础的人情社会，人情与道德、习俗和文化娱乐融为一体，构成完善的德治体系。我国乡村的"德治"资源非常丰富，从注重个人品德修养，到家庭美德、乡村公德的培养，从节日习俗礼仪到乡村文化娱乐活动，形成一套不成文但具有潜移默化效应的教化制度。丰富的德治资源在新的社会环境下发扬光大，往往可以对乡村治理发挥事半功倍的作用，如有的地方通过整理家训、家规，开展"优秀家训、家规进万家"活动，促进了家庭和睦，净化了社会风气；有的开展"德孝文化"五进活动，即德孝文化进家庭、进学校、进机关、进农村、进街道，促进了和谐社会建设；有的通过设立"道德讲堂"或建设文化礼堂、建立"好人档案""功德银行"等，提升村民精神文明素质；有的通过国学教育，恢复村民尊老爱幼、诚实守信的优秀品质；有的通过树立道德模范、评选星级家庭和好婆婆、好媳妇以及设立"道德法庭"等活动，推动乡村文明的建设，引导人们提升道德修养与精神境界，营造风清气正的淳朴乡风。特别是"乡贤文化"的兴起，为乡村治理提供了新的动力。乡贤多是乡村中走出去的教师、干部、企业家、商人及族姓威望之人组成，不仅有知识、能力，也有改变家乡面貌的情怀。他们退休后荣归故里，在乡村政治、经济、文化、道德建设等方面具有十分显著的示范和带动作用，应该成为乡村德治的重要力量。

（3）创新乡村治理机制

乡村自治和德治都存在一定程度的局限，需要通过乡村治理机制创新来规范，特别是法治对解决基层民主建设滞后问题、维护农民利益和平等，具有不可替代的作用。如何把村民自治、德治纳入法治轨道，是构建乡村治理体系的重要内容。近些年，"4+2"工作法等经验的推广，把村民自治程序化、制度化，保障农民的参与权利和民主权利；设立"村民监督委员会"，赋予农民监督权力；有的地区设立"村级事务代办员"制度，方便农民办事，密切干群关系；也有的通过乡村治理单位下沉到村民组，发挥基层组织作用，强化了自治能力。有些地区设立村民调解组织，及时化解矛盾；设立村社一体的合作组织，恢复村落共同体文化，使互助传统得以恢复。

二、国内实践

1. 江西璋塘村：让古老的治理方式焕发新活力

"里长"制，是中国沿用数千年的基层治理方式，在春秋战国时是指"一里之长"，唐代称"里正"，明代正式叫"里长"，即一个较小区域内的管理者，也是一种极有效的单元管理制度。

江西省吉安市青原区新圩镇璋塘村借鉴这种古老的基层管理制度，将"和"与"爱"的时代特色融入其中，突出"为民服务"的主旋律，努力探索"矛盾有人解、环卫有人管、治安有人抓、老幼有人帮、服务有人做"的乡村治理新路径，创造了"和爱邻里"乡村治理新模式，深受群众欢迎。

"和爱邻里"是在网格化服务管理基础上，先将村庄按地理位置划分为若干个邻里，又把邻里划分为若干个网格，在邻里中设立里长和网格员，里长是基层服务者，而里民也把里长当作村民的"大家长"。

邻里团结是非少，家庭和睦百业兴。璋塘村在打造"和爱邻里"过程中，始终坚持"小事不出里、大事不出村"的矛盾纠纷调解理念，充分发挥居民公约和乡情作用，大力宣传"你容我、我容你、天宽地阔，你敬我、我敬你、亦显德高"等邻里文化，引导居民间相互包容、敬重，达到了将矛盾纠纷化整为零的效果。村里派邻里议事会成员轮流到全国人大代表杨慧芝的工作室跟班学习"四心五步六法"调解模式，并设立杨慧芝工作室，构建本村的矛盾纠纷调解团队，负责本村的矛盾纠纷调解，做到小事不出村、矛盾不上交。

以前的璋塘，垃圾浮漂、污水横流，尤其夏天，苍蝇、老鼠乱窜，有条件的群众都搬到外面住，守在村里的都是上了年纪的人。

2015年开始，璋塘村实施河长制，由村支书、村主任分任正副溪长，各小组长任池塘长、沟渠长，聘请"五老"人员担任保洁员、巡查员、监督员，把清垃圾、治污水、一场治水质、护生态的攻坚战悄然打响。同时，璋塘村全面推行"户分类、村收集、镇转运、区处理"垃圾模式，做到保洁员全天候保洁，垃圾入桶、日产日清，使昔日"垃圾围村"的璋塘村实现美丽蝶变。村里还引进新型的污水"生态疗法"，使生活污水得到净化。如今，河畅、水清、岸绿、景美的璋塘，宛如一幅美丽的山水画。

璋塘还积极响应全国"雪亮"工程建设，在主要路口都安装了监控探头，守好进出村的主要路口，并将所有监控探头接入村综治中心的网格化监控平台，24 小时全天候监控，构建了一张覆盖全村的"平安网"。村里还成立了"红袖标"义务巡逻队和邻里守望队伍，负责本村的治安巡逻和盘查陌生可疑人员，构建了村治安防范的铜墙铁壁，成为多年的"零发案村"。

"有家，有爱，有邻里。"张贴在璋塘村口墙面上的 7 个大字，营造出温馨和谐的气氛。璋塘村牢牢抓住乡里乡情这一乡村独特文化纽带，凸显邻里文化，大力培育和发展邻里社会组织，广泛开展各类睦邻活动。针对留守儿童，开设"四点半课堂"，呵护留守儿童健康成长。针对空巢老人、留守老人较多的实际，建立了康养中心，为居民提供健康养生服务。

在璋塘，还活跃着一支以"白衣天使义诊队、绿色关爱育苗队、红袖标义务巡防队、橙色激情义工队、蓝领服务物管队、紫色美丽艺术队、银发老人调解队"为品牌的七彩邻里志愿服务队伍，为村民免费提供各类服务。"志愿服务"理念已融入到璋塘文化之中，"志愿者"也成了很多璋塘人的新身份。

2. 江苏宿城：农村治理有效的"屠园模式"

江苏省宿城区屠园乡主动适应农村改革发展新形势，顺应农村居民新期待，完善农村治理机制，扩大农村公共服务供给，探索出一个有效的新时代农村治理"屠园模式"。

（1）构建一个智慧社区

屠园乡围绕实现"社区管理信息化、便民服务智能化、运行互动智慧化"，积极探索并启动实施"智慧社区"综合管理服务体系建设，破解新型农村社区管理新难题，提升社区服务水平。

（2）建设两个服务载体

一个是党群服务中心。党群服务中心坚持服务当先，为村内不同群体提供专业化、精细化服务，真正成为党群互动平台。一个是社区服务中心。屠园乡按照"服务场所标准化、运行机制规范化、服务队伍专业化、流程处理信息化"的四化标准建设社区服务中心，信访接待、农经、财政、民政、工商、人力资源和社会保障等职能部门全部入驻，为辖区群众提供周到细致、称心满意的服务。

（3）建立三级议事机制

即村重大事项由楼栋议事小组先讨论，上报给片区党支部审议，再上报给社区党委审批并组织实施的议事机制，进而形成家长里短不出楼栋、小事不出片区、大事不出村、难事不出乡的农村社区管理服务新模式。

（4）开展四类活动评比

屠园乡通过开展"村居好人""道德标兵""文明家庭""文明单位"四类优秀评比活动，积极发动农村社区群众参与，评选出口碑好、受欢迎的家庭和个人。邀请先进典型现身说法，传递文明与道德，引导群众见贤思齐，在农村社区形成学习模范、崇尚模范、争当模范的浓厚氛围。

3. 腾讯为村：用互联网助力乡村社会治理

腾讯作为中国服务用户最多的互联网企业之一，自2014年开始将"连接一切"定为自身战略。"腾讯为村"基于这一战略，借助月活跃用户超过9.8亿的微信，展开乡村移动互联网能力建设，用互联网＋的方式助力乡村社会治理、国家乡村振兴战略，开发出适合乡村管理者和村民低门槛入门互联网的村庄微信公众号——为村，并将之打造成集智慧政务、便民服务和乡村宣传为一体的乡村移动互联网社交与服务平台。

"腾讯为村"鼓励村庄开通属于自己的微信公众号，为乡村连接情感、连接信息、连接财富：通过指引村民实名加入村庄，关心村庄事务，提供情感连接纽带；通过指引村两委、基层党员及乡镇、区县各级干部实名为村民提供政策宣传和服务，密切干群关系、提升政府服务效率；通过扶贫干部记录扶贫脱贫轨迹、干群协作挖掘村庄"一村一品"，以社交电商的方式整合本地力量，推广本地产品，破解精准扶贫面临的信息鸿沟难题，实现连接致富、助人自助。

截至 2017 年 12 月 31 日，全国已有 16 个省的 5 863 个村加入为村，其中山东省菏泽市、四川成都邛崃市、德阳广汉市等为全域覆盖，199.8 万村民实名注册加入自己的村庄，互动超过 1.6 亿次，因地制宜地进行了资源的连接和匹配，为村庄创造连接信息、连接财富、脱贫致富的机会。

第五节　生活富裕篇

一、答疑解惑

1. 什么是乡村振兴中的"生活富裕"

中国要强农业必须强，中国要美农村必须美，中国要富农民必须富。生活富裕就是要让农民有持续稳定的收入来源，经济宽裕，衣食无忧，生活便利，共同富裕。习近平总书记强调，要构建长效政策机制，通过发展农村经济、组织农民外出务工经商、增加农民财产性收入等多种途径，不断缩小城乡居民收入差距，让广大农民尽快富裕起来。

2. 如何提高农民家庭营收

大力发展农村新产业新业态，提高农民家庭经营收入，第一产业是农民家庭经营收入的最主要来源，占比往往高达 80%～90%，然而当前农民家庭经营性收入对农民增收的贡献不断递减。从根本上说，农民家庭经营收入提升遇阻，主要来自几方面的压力：一是农作物种植成本逐年攀升；二是农产品尤其粮食价格持续低迷；三是农产品价格国内外市场倒挂严重。

在新的经济形势下，农民要增收，必须发展新产业新业态，打破城乡二元经济，推动一、二、三产业融合——这也是供给侧结构性改革的重要内容。发展农村新产业新业态，应做好以下几方面工作：

（1）发展农村农产品加工业。鼓励和引导新型农业经营主体延长农业产业链，对农产品进行深加工，把农业附加值留在农村内部。

（2）充分利用农业的多功能性和农村闲置房产，完善农村基础设施，发展乡村旅游、乡村养老、乡村养生等绿色康养产业。

（3）发展农村电商。合理布局生产、加工、包装、品牌，打造完整农村电商产业链。

（4）促进一、二、三产业融合。

3. 如何充分激活农村要素资源，提高农民财产性收入

我国农民的财产性收入仅占收入比重的 2.2% 左右。虽然近年来农民通过土地流转和入股获得了一部分财产性收入，但这部分收入仍十分有限。

（1）增加农民财产性收入，核心是要深化农村产权制度改革。推进农村宅基地确权改革。

（2）建立统一的建设用地市场，允许农村宅基地转让、抵押，探索宅基地入市办法。

（3）对农村闲置并丧失公共服务功能的公益性基础设施，按照经营性建设用地确权给集体，由集体统一经营。

（4）对农村丧失居住功能的空置房宅基地拆旧复垦，再利用交易平台进行交易，交易所得费用可用于发展乡村旅游等非农产业。

（5）推广发展土地股份合作和农业共营制，实行"集体股权、个人股东、按股分红"，创新市场化投资途径。

4. 如何推进精准扶贫、精准脱贫，提高农村贫困人口收入

解决贫困地区农民增收问题是实现全面小康社会建设目标的重要任务。深度贫困地区脱贫成本高、难度大、见效慢、稳定性弱，提高贫困人口收入是精准扶贫精准脱贫的关键。建议从以下四方面努力提高农村贫困人口收入：

（1）对有外出务工能力的贫困人口，引导他们走劳务输出的增收路子。由相关职能部门广泛搭建就业信息平台，改变贫困户想找工作却愁信息不畅的窘境。

（2）对具有一定劳动能力、但不便或不想外出务工的贫困人口，引导他们走产业扶贫的增收路子。通过发展特色种植养殖产业、在园区企业开辟就业扶贫车间、开发就业扶贫公益性岗位等，让贫困人员就近就业。

（3）对劳动能力相对较弱的贫困人口，引导他们走能人带动的增收路子。鼓励这类贫困人口加入农民专业合作社，或者通过土地入股等方式增加财产性收入。

（4）对完全丧失劳动能力的贫困人口，充分发挥低保、五保、医疗救助、临时救助等社会保障救助制度的救急难、兜底线功能。

5. 如何缩小城乡差距

转变农业发展方式、发展现代农业、促进农民增收，需要解决"四个滞后""四个差别"。

（1）四个滞后

第一是农业现代化建设水平滞后，这与农业肩负的确保农产品供给和农民增收，提高国际竞争力的任务很不相适应。第二是农业基础设施建设滞后，与面临的任务和抗御风险不相适应。第三是农村事业发展滞后，与改善民生加快新农村建设的要求不相适应。第四是农村公共服务体系建设滞后，与建设现代农业的要求不相适应，难以发挥公益性的主导作用。

（2）四个差别

第一是公共农产品价格剪刀差。从农产品的价格来看，虽然是讲按照市场定价，但是基本还是政策调控价，农产品价格长期偏低，甚至发生剧烈的波动。第二是农民工的工资差，农民工的福利待遇明显低于城镇居民的工资水平。第三是征用农民土地价格差，从土地征用价格来看，土地征用的补偿，包括安置补助费、土地补偿费明显偏低，这个差也是很大的。第四是金融存贷的逆差，54%的农村资金还是流向了城市。这些差别影响农民的收入和合法权益，而且还扩大了城乡收入差距和发展差距，应该通过加快转变经济发展方式，特别是农业发展方式，推进城乡统筹发展来加以解决。

工业化、城镇化、农业现代化要同步发展，一个难点是解决农民

住房和城乡建设部、中国市长协会、北京爱尔公益基金会等机构
赴湖北麻城助学扶贫

怎么融入城镇的问题。现在的农民工在城镇面临着就业不稳、家分两地、居住不定、服务不均的问题。我们国家特殊的城镇化路径，在城乡之间形成了一个庞大的农民工群体，不仅城乡二元结构没有有效整合，在城市内部又形成了新的城市内部的二元结构。怎么打破这双二元结构，是"三化"同步发展需要破解的难题。在这样的背景下，加快城市社会管理制度的改革，促进农民工融入城市是大势所趋。

必须以基本公共服务均等化为核心，以提高农民工的就业技能和就业质量、保障农民工的合法权益、完善农民工公共服务制度和吸引农民工进城落户定居为重点，深化户籍制度改革，让农民工个人融入企业、子女融入学校、家庭融入社区，提高人口的城镇化水平，促进农民工共享改革的发展成果。

6. 如何保障农民的土地财产权益

生活富裕篇·答疑解难

改革方面第一个大的难题，是怎样通过深化农村土地管理制度的改革来依法保障农民的土地财产权益。土地是农民最基本的生产资料，是农民维持生计的最基本的保障。

深化农村土地管理制度改革必须以保护农民的土地财产权益为核心，要加快完善相关的法律法规，解决好四个问题：

（1）要明确界定农民的土地财产权益

国家明确提出土地承包经营权、宅基地的使用权，是法律赋予农民的合法财产权利。按照中央农村工作会议的部署，下一步要加快给农民颁发具有明确法律效力的土地承包经营权证书和宅基地使用权证书，让农民清楚知道自己的合法权益，要防止以农村土地属于集体所有为名强征农民的土地。

（2）要把握好土地流转的方向

从全世界来看，农业经营体制主要是以自然人为基础的家庭农业体制，公司法人农场只占很小的比例。把农民变成农业产业工人绝对

不是我们国家农业经营体制改革的方向。现阶段工商企业下乡，大规模直接租种农民的土地，不符合我国的基本国情，不利于农民土地权益的保护。今后我们要把握好一个什么方向呢？一是要让农民种自己的地。二是要让更少的农民种更多的地，真正做到农地农用，自愿流转，要确保农业家庭经营的主体地位。

(3) 要禁止强迫农民以"土地权"换"市民权"

国务院发展中心课题组曾经对全国 20 多个城市 7 000 多位农民工做过调研，绝大部分农民工不愿意以放弃承包地和宅基地的权利换取城市户口。现阶段农民工落户城镇，是不是放弃承包地，是不是放弃宅基地，是不是放弃承包的林地和草地，必须完全尊重农民个人的意愿，不能强行收回。可以说让农民带着土地权利进城，成为新市民，是保护农民利益的需要，也是促进城镇化健康发展和社会和谐的需要。

(4) 要真正按照土地的市场价值对被征地的农民进行补偿

我们国家现在征地发展太快了，对被征地农民的补偿仍然偏低，我们土地收益的分配明显向城市倾斜。在符合国家土地用途管制和土地利用总体规划的基础上，要把更多的非农建设用地留给农民集体开发，要让农民直接分享土地的增值收益。

二、国内实践

1. 贵州省六盘水市："三变"模式催生"三农"新颜

六盘水市位于乌蒙山集中连片特困地区，4 个县区中有 3 个国家级贫困县、1 个省级贫困县，2014 年贫困人口达 50.99 万，贫困发生率 19.55%，比全国高出 12.55 个百分点。2013 年前，全市城乡居民收入差距高达 300% 以上，农民如何脱贫致富一直是个"老大难"的问题。然而通过"三变"改革，农民们从原来"面朝黄土兜里没钱"转为现在的"入股分红天天数钱"。

六盘水的"三变"，是指资源变资产、资金变股金、农民变股东。

"三变"改革，构建了村集体、农民、经营主体"三位一体""产业联体""股份连心"的农业经营新体系，激活了农村自然资源、存量资产、人力资本，促进了农业生产增效、农民生活增收、农村生态增值。

从 2014 年到 2016 年，"三变"改革，活化了农村资源，创新了农业经营体制，激活了农村发展内生动力，让 33 万贫困群众成为股东，整合各类资金 57 亿元，打造了 851 个扶贫产业平台，两年内带动 22 万贫困群众脱贫，贫困发生率从 23.3% 下降到 15.67%，促进了绿水青山与金山银山的有机统一，夯实了脱贫基础。

"三变"改革为什么能在短短三年时间内，就让大山里的农民摘掉了几十年的"贫困帽"，并且正在逐步走向富裕？这其中到底有什么秘密？

政府推动"三变"改革的目标指向，就是增加农民的资产性收入。农民收入原则上可分为两大类：一类是劳动收入；一类是资产性收入。研究表明，收入水平的提高主要靠资产性收入。从国外经验看，富人的高收入也主要来源于财产性收入。比如在美国，公民的财产性收入占其可支配收入的比重高达 40%，拥有股票、基金等有价证券的人占

到了90%以上；芬兰、日本农民的财产性收入占比也高达40%左右。

可在我国，农民一直是低收入群体。数据显示，在农民的可支配收入中工资性收入占49.5%，家庭经营性收入占35.9%，转移性收入占11.0%，财产性收入仅占3.6%，在中西部欠发达地区这一比例更低。四川农民财产性收入占比为2.3%，重庆农民财产性收入占比为2.8%，甘肃农民财产性收入占比为2.1%，贵州六盘水"三变"改革之前农民财产性收入占比仅为1.63%。这表明，农民收入低，主要原因是没有资产，无法获得资产性收入；农民要想脱贫致富，最根本的途径就是增加资产性收入。

正是从这个角度考虑，六盘水探索提出了"三变"改革思路，其中关键是给农民的资源确权。现实中农民有资源，但却没有资产。比如土地，实施农村土地承包制度以来，国家虽允许农民流转土地，但由于没有严格进行确权登记，导致承包地块的权属界限不清，不仅流转不畅，经济效益实现不了，还引发了不少土地矛盾。再如农村集体资源，以前集体土地、林地、水域等大量自然资源闲置，集体产权主体虚设，名义上"人人有份"实际却"人人没份"，农民"拿着金饭碗讨饭"。通过确权颁证，农民成为了土地承包经营权的权利人，真正成为了土地的主人，不仅财产权益得到了保障，过去沉淀下来的土地矛盾也得以化解。原来的农村集体资产通过清理核实、确定权属关系后，经集体组织三分之二以上的成员同意后，就可评估入股，集体组织和农民都可以按占股比例获得收益。不少农民都津津乐道："确权颁证给我们吃了'定心丸'，现在我们农民更有底气了。"

可以说，通过"三变"确权入股，农民最大的改变就是拥有了资产。目前六盘水全市共有167.98万亩承包地、40.69万亩集体土地、14.31万亩集体林地、4244.69万平方米水域水面、2.66万亩集体草地、8.66万平方米房屋变成了资产入股经营；共整合财政资金6.6亿元，引导村级集体资金1.25亿元、农民分散资金4.28亿元变成了股金；

38.89 万户农民变为了股东，在"耕者有其田"的基础上，实现了"贫者有其股"，广大农民通过资产获得了资产性收入。

2. 福建省建宁县：量化折股扶贫模式

福建省建宁县结合产业优势特色，着重抓好以七个产业领域为重点的扶贫典型培育，创新探索出了量化折股扶贫工作模式。具体做法是：全县整合各类资金 1 300 万元，投入当地发展前景较好的专业合作社或龙头企业形成资产，再以优先股的形式量化给贫困户和贫困村，贫困户和贫困村按照固定利润分红，实行滚动管理。该做法自 2016 年推行以来，全县已有 14 个贫困村、486 户贫困户受益，贫困户人均增收 1 000 元以上，贫困村财政平均增收 3 万元以上。

建宁县是 23 个省级扶贫开发工作重点县之一，在精准扶贫、精准脱贫的实践中，该县瞄准贫困点，推广量化折股试点，成立扶贫开发基金会，取得了良好成效。全县实现脱贫 806 户、2 561 人。

扶贫到了关键阶段，剩下的都是"硬骨头"，基层干部总结起来就是：老弱病残。建宁县均口镇隆下村的邹友来就是这样一户贫困户，家里 4 口人，妻子残疾、母亲年迈、孩子上学，一切开销全靠他一人撑着。没资金、没路子，怎么办？在均口镇兴农食用菌基地里，记者看到忙着采摘香菇的邹友来。"这些都是会'生钱'的宝贝，今年能给家里带来两万多元的收入。"看着架子上长势喜人的香菇，邹友来很开心。

均口镇将邹友来一家确定为精准扶贫建档立卡户后，专门制定了一份详细的"扶贫计划表"。目前，他家的增收项目有三项：一是种植食用菌。他在兴农食用菌基地种植香菇，眼下进入收获期，5 100 袋香菇已经卖了 1 万多元。二是种莲，可收入 1 万多元。三是利用空余时间就近打零工，一年下来可增加 5 000 多元。三项一加，一年纯收入可达 2 万多元。

此外，村里实施扶贫资金量化折股分红，即把财政专项扶贫资金投入项目形成的资产折合成股权进行分配，向贫困户发放股权证，让每个贫困人口都享有同等股权。去年底他家共领到分红款 5 220 元。在各项扶贫政策的帮助下，邹友来家的收入增加了，越干越有劲。

"现在我的日子虽然苦点，但在党委政府的帮助下，通过自己的努力生活会越来越好的。"邹友来说。如今，建宁的每个贫困户都有一个干部挂包，至少有一个社会力量参与帮扶，从项目谋划、技术指导、资金投入、产品销售等多方面给予支持，做到"一户一策"，确保项目、资金、帮扶力量精准到户。今年，该县财政统筹资金 1 200 万元，作为贫困村、贫困户的发展资金，重点扶持莲业、种业、果蔬、林业、烟叶、旅游、电商等七大扶贫产业。

建宁县伊家乡中心小学四年级学生罗来杨收到一份特殊的礼物：乡里的扶贫开发基金会为他发放 400 元助学金。罗来杨的父亲是残疾人，母亲常年患病，家庭经济条件差。当天，在伊家乡，像罗来杨一样收到特殊礼物的贫困学生共有 12 名。

伊家乡是市级扶贫开发工作重点乡，目前 8 个建制村中有 5 个贫困村，2016 年未脱贫的 115 户 379 人中，低保贫困户有 79 户 251 人，占未脱贫人口的 66.2%。面对这么多贫困村、低保贫困户，怎么办？去年 7 月，伊家乡创新扶贫工作机制，成立天坪扶贫开发基金会。

乡人大负责人介绍，基金会原始基金由乡里的 8 个建制村分别募集的 20 万元资金、中央财政扶贫项目资金及开展募捐活动募集到的善款组成，共 300 万元，主要用于贫困村基础设施建设和公共服务设施建设，还包括资助贫困家庭和贫困学生等扶贫相关事业。"成立基金会，要为最困难的人输血，更要为空壳村'造血'。"伊家乡负责人告诉记者，为确保基金保值增值，乡里将 270 万元基金入股闽源电力有限公司，每年按投资总额的 10% 参与固定分红。

眼下，在伊家乡陈家村四组的水渠建设现场，工人们正忙着修建被暴雨冲毁的水渠。"多亏了扶贫基金分红的 2 万元，这条水渠才能及时修建。"对无劳动能力、实在无脱贫能力的贫困户，加大政策性兜底力度，提高农村低保标准，建立大病补充保险制度。据了解，目前该基金会已为全乡 8 个村带来村集体收入各 2 万元；为 142 户贫困户免费安装电视机顶盒，赠送 2 年收视费；还在伊家乡中小学设立了每年 2 万元的扶贫助学基金。

3. 海南省琼中县：七管齐下，创新脱贫攻坚模式

在省委、省政府的正确领导和海南省扶贫办的大力指导下，琼中紧紧围绕"打绿色牌，走特色路"总体发展思路和"一心一园一带八区"总体发展布局，坚持以脱贫攻坚统领经济社会发展全局，以生态保护为前提，以富美乡村建设为载体，以产业发展为支撑，以整合资金为手段，以基层党建为保障，推行"扶贫＋"模式，深入推进十二大脱贫工程，2017 年度脱贫 2 346 户 9 530 人，完成省下达任务的 108%，贫困发生率从 10.79% 降至 4.15%，贫困村整村出列 7 个，荣获"中国全面小康扶贫十佳县市"称号。农业、旅游、金融、基建、教育、健康和党建脱贫经验典型案例在全省、全国作交流发言。

（1）实施农业产业脱贫

一是推行四种产业模式，实施特色产业"百村百社、千人万户"创业致富计划，重点围绕桑蚕、养蜂等 9 类优势特色产业，采取"龙头企业（或专业合作社、村集体经济、种养大户）＋基地＋贫困户"等四种产业扶贫模式，按贫困户人均 3 000 元左右的标准（不含栏舍建设资金），引导贫困户将扶贫资金或种苗折算入股新型农业经营主体，通过"保底分红＋经营分红"方式，深化新型经营主体与贫困户利益联结。二是实行带动奖补激励政策，对新型农业经营主体带动贫困户脱贫的，根据带动贫困户数量，分类发放一次性帮扶资金，最高达 10 万元；对贫困户加入经营主体或主动抱团发展的，一次性给予

琼中县种桑养蚕成为致富新亮点　　　　琼中县养蜂产业酿出甜蜜生活

1000～1500元／户的种苗或物资补助,有效提高了新型经营主体带动贫困户抱团发展的积极性。三是实行农业特色产业保险政策,开发13个农险普惠险种,以新型农业经营主体为投保对象,对吸纳贫困户保险标的物或数量占比达到50%以上的,保险费由财政全额兜底;达不到50%且不低于20%的,由财政补贴70%的保险费。全县累计农业保险估损理赔金额511万元,预期受益农民9 129户。其中天然橡胶"保险＋期货"扶贫项目,全省首例实现赔付及全省理赔金额最高,赔付金额达241万元,占全省试点市县赔付总额的52.4%。

(2)实施生态旅游脱贫

一是科学谋划全域旅游发展,出台"1+12"全域旅游系列文件,为发展全域旅游提供了全方位政策支撑,"东西南北中"5大乡村旅游片区、8大景区和10条"奔格内"精品旅游线路的全域旅游格局基本形成。二是打造"奔格内"乡村休闲旅游品牌,推出了什寒、鸭坡等各具特色的乡村休闲游特色村庄,建成以"水果采摘""黎苗风情""农事体验"等为主题的10条"奔格内"乡村休闲游线路。推出"琼中绿橙乡村旅游季""奔格内"琼中绿橙旅游季等活动,"奔格内"乡村休闲旅游品牌知名度不断提升。三是实施"互联网＋旅游",开展互联网营销,建立旅游大数据平台,大力推行"互联网＋旅游"发展。

深入推进农村电子商务，推出"奔格内琼中旅游""什寒旅游"公众号，涵盖10条旅游乡村线路，农户可将农产品进行展示和网上销售，扩宽了销售渠道，达到"以旅促农、以旅亲商"的目的。四是推动"农文旅"融合发展，成功举办"三月三"黎苗文化旅游节、绿橙旅游季等20项体验活动，有力带动物流商贸、文化体育、休闲养生等现代服务业发展。加大旅游产品开发，推动琼中绿橙、琼中蜂蜜、琼中山鸡等原生态旅游产品走向市场，解决农户农产品销售难题。

（3）实施金融服务脱贫

一是强化顶层设计，制定"1+7"系列制度，为试点工作顺利实施奠定了基础。二是创新金融产品，延长贷款贴息期限，开发了普通农户5年、贫困户8年的长期限政府贴息金融特惠产品；推行农房抵押贷款"阳光无息"政策，对农房抵押贷款在10万元以下的诚信农户，采取"先拨先贴后审"的政府全额贴息方式。三是优化工作流程，推行"农房产权确权后置"贷款模式，建立"三证归一"并联审批流程，将农户宅基地证、规划许可证、房产登记证等整合在一个申请表内，按照"乡镇受理、部门流转、限时办结"的"一条龙"流程进行预先审批。四是推行"政银保"合作，每年安排500万元农房抵押贷款风险保障资金，政府、银行与保险公司按一定比例分担不良贷款本息。

（4）实施危房改造扶贫

一是坚持因户施策，将富美乡村建设和贫困村整村推进相结合，下放危改宅基地测绘权限，实行危房改造指标三年滚动计划，对建档立卡贫困户、低保户、户主或配偶一级二级残疾户、富美乡村创建村农户不设指标限制，其中对建档立卡贫困户、低保户、户主或配偶一级二级残疾户，重建（新建）的每户补助6万元，修缮加固的每户补助2万元；对富美乡村创建村庄普通农户，重建（新建）的每户补助5万元，修缮加固的每户补助1.5万元；对分散改造的普通农户，重建（新建）的每户补助3万元，修缮加固的每户补助1万元。二是坚

琼中县城全景俯瞰

合老村美化绿化后村容村貌焕然一新

升级打造后的堑对村民宿

琼中县什寒村民宿

持分类推进，对整村推进贫困村、富美乡村、旅游村庄或美丽乡村示范点，采取统建或改造提升，实行统一规划、统一设计和统一建设，突出当地黎苗特色。对其他一般村寨，在符合乡镇立面风格、保证房屋质量的前提下，由农户自行组织施工，如农户无法启动改造的，可通过与乡镇政府签订协议，委托代建和代管"一卡通"，从而加快 13 个贫困村整村推进和农村危房改造进度。三是坚持风貌管控，坚持"政府引导、科学规划、管控风貌、打造特色"原则，形成"县指导、镇管控、村落实"的三级联动管理格局，确保危房改造"简洁大方、注重特色、一村一景"。四是破解危改资金难题。在"林权"抵押小额贷款基础上，率先在全省开展农房抵押贷款试点，将农村固定资产转化为流动资金，推动"乡镇、农信社、施工方、改造户"签订四方协议，创建整村推进＋民房改造的"大边村模式"，即政府帮助农民办理房产证，通过抵押给银行，由银行给农户发放贷款（最高可贷 10 万元），政府提供 10 万元以下的 8 年政府贴息（贫困户，其他农户 5 年贴息），引进保险公司实施农村信贷风险转移机制，有效盘活农村资产，为农民改善住房条件提供充足的资金保障，最大限度减轻建房资金压力。

　　（5）实施教育发展脱贫

　　一是全方位推行思想脱贫措施，创新教育扶贫"一对一"关爱体系，开设"小手牵大手"脱贫生涯规划课程，对贫困生提供"四优先"支持（即优先选择学校和专业、优先安排勤工俭学岗位、优先提供校外实习岗位、优先推荐就业），加大贫困户家教培训和扶贫政策宣传，带动家庭整体脱贫。二是构建教育"全程资助"体系，在实施"三免一补"和学生营养餐改善计划的基础上，对建档立卡贫困生实行全程特惠性补贴，其中学前教育资助标准由 750 元／生／年／提到最高 3 000 元／生／年；小学、初中教育阶段，县内寄宿生分别补助 3 400 元／生／年、4 150 元／生／年，县内非寄宿生和县外就读生分别补助 2 400 元／生／年、2 900 元／生／年；高中教育阶段，资助标准由 2 500 元／生／年提到最高 3 500 元／生／年；中等职业教育阶段，资助标准提到最高 7500 元／生／年；普通高等教育（含研究生）或高等职业教育学生，给予学费和生活补助 7 000 元／生／年；对中等或高等职业教育应届毕业生，给予一

次性实习交通补贴 2 000 元。全年分类发放生活补贴和国家助学金 1 516.36 万元，解决 5 671 名贫困学子上学难题，保障贫困学生享有基本的受教育权。

（6）实施健康医疗脱贫

一是出台"1+15"等健康医疗扶贫实施方案，为健康医疗扶贫工作提供强有力的政策支撑。二是建立精准认定工作机制与动态管理机制，采取"一筛选、二核实、三确诊"识别方法，加强对贫困患者的精准识别，全县纳入因病致贫或因病返贫贫困户共 496 户 549 人，进一步理清全县健康扶贫的底数。建立因病致贫或因病返贫贫困户的个人健康档案，并及时采取有效的医疗措施给予跟踪帮扶，实施贫困户信息共享机制，实现卫计委、民政、扶贫、残联信息衔接，对因病致贫或返贫的贫困户全面实施动态管理。三是构筑七道防线，率先在全省推行医疗补充商业保险和贫困人口专项资金救助，筑牢健康扶贫"七道防线"：医疗保险防线。对贫困人口新农合个人缴费部分给予全额代缴，将 20 项医疗康复项目、地中海贫血排铁治疗药物纳入新农合补偿范围，地中海贫血造血干细胞移植纳入重大疾病种类范围，对普通门诊、25 种慢性病特殊病种门诊、医疗机构住院治疗等新农合报销比例最高提高至 10%，并取消住院起付线。大病保险防线，将建档立卡贫困参合患者新农合大病保险起付线由 8 000 元降至 4 000 元。医疗救助防线。对特困人员（农村五保）、孤儿符合补助政策的医疗费用部分给予 100% 补助，每年最高 10 万元；对纳入低保的贫困户个人负担部分住院医疗费用给予最高标准 75% 补助，每年最高 5 万元。临时救助防线。对符合条件的临时救助对象，按城乡最低生活保障标准的 3 倍，给予其共同生活家庭成员不超过 3 个月的一次性基本生活补贴。医疗补充商业保险防线。按每人每年 45 元标准，为农村贫困人口购买医疗补充商业保险。贫困人口专项资金救助防线。设立贫困人口医疗兜底专项资金，为贫困户报销个人无力支付的不符合新农合规定的医疗费用。社会治安保险和家庭人身意外保险防线。按150元／户／年的标准，为全县建档立卡贫困户购买社会治安保险和家庭人身意外保险。

四是打通医疗服务"最后一公里，创新实行"一站式"结算、"家庭签约医生"服务、"绿色通道"就诊、分类救治等机制。

（7）抓党建促脱贫

一是抓好脱贫攻坚帮扶队伍建设，开展基层党建"联心富民"、县级领导"四联三问"、党政机关"联村帮扶"、驻村"第一书记""领头雁"等工作，选派31名县领导、101名乡镇领导班子成员、73名驻村第一书记和102个县直机关单位，推进帮思想、帮门路、帮资金、帮技术、帮党建"五帮"活动，实现结对帮扶全覆盖。"党建＋扶贫"工作经验先后3次在全国或全省党建扶贫座谈会上作交流，黄海军等4名同志分别荣获全国、全省"脱贫攻坚贡献奖""老区脱贫、巾帼标兵"等称号。二是开创"党建＋旅游"新格局。注重村党支部在旅游和扶贫开发工作中的政治引领和服务协调作用，依托村级组织活动场所，开展科技、文化、卫生、法律、金融"五进村"等"5+X"系列服务活动，以"服务党员、服务群众、服务游客"为宗旨，创建了"党员驿站"服务品牌，实现农村基层组织建设和山区旅游发展相融合。

4. 重庆石柱县：财政资金创新收益模式

近年来，石柱县创新改革财政扶贫资金使用管理方式，通过3种创新收益模式助力精准扶贫、精准脱贫。股权收益模式，整合涉农财政资金8 000万元，全面推进农业项目财政资金股权分红；基金收益模式，基金的投资对象是农民合作社及参与产业扶贫的各类企业，主要投资于乡村旅游、特色产业发展以及能够为贫困户带来稳定收益的项目；信贷收益模式，县扶贫办与相关银行建立扶贫合作关系，在银行设立信贷风险补偿金专户，按照风险补偿金的10倍向由贫困户组

建的农民专业合作社或帮扶贫困户的经营主体发放无抵押、无担保的扶贫信用贷款。石柱县财政资金创新收益模式扶贫成效显著，助力全县实现数万名群众稳定脱贫。

春节前两天，重庆市石柱土家族自治县下路街道湖海村的 130 户贫困户，每户都拿到了 1 000 元的分红款。

湖海村天池村民组贫困户周世琼拿着由五岗金荞麦专业合作社发放的分红款说："这是我当上'股民'后得到的第一个季度的红利，今后几年内，每个季度都可以分到固定的红利，年底还会有效益分红。"

(1) 贫困户获得稳定长效收益

去年下半年，石柱县委负责人在调研扶贫产业发展时，发现一个现象：贫困户市场意识、科技技能普遍较差，所发展的产业，不是产出不好，就是没有市场，最终导致效益不佳。

"在进一步调研中，我们还发现，一边是贫困户缺乏发展产业的能力，另一边是专业合作社、家庭农场、龙头企业等在产业发展中受到投入资金的制约。"这位负责人说，如果以资金为桥梁，将这两方面的问题一起解决，就可实现双赢。

随后，石柱县整合涉农、财政、信贷、旅游等方面资金，将获得资金支持的新型经营主体与贫困户"捆绑"起来，让贫困户通过扶持的各类资金获得"股份"，然后以股份分红的方式，获得稳定长效的分红收入。

从 2016 年 10 月开始，石柱县陆续启动了股权收益、基金收益、信贷收益、旅游收益 4 种资金投入方式的扶贫。县扶贫办负责人说，这 4 种方式，每个贫困户只能享受其中的一种，可让上万户贫困户当上"股民"，基本覆盖全县所有贫困户。

(2) 整合数亿元资金"捆绑"发展产业

石柱探索的这种以资金为桥梁，将新型农业经营主体与贫困户进行"捆绑"发展产业的方式，整合了数亿元的扶贫资金，让贫困户从这些资金中获得"股份",并得到稳定的长效收益。

这四种"捆绑"式资金收益扶贫方式是如何运作的呢?

——股权收益扶贫:由县上整合涉农资金,建立财政投入股权化资金 8 000 万元,实行农业项目财政资金股权分红。这 8 000 万元的扶持对象为家庭农场、农民合作社、农业企业等新型农业经营主体,享受对象是贫困户,农业经营主体向贫困户发放股权证。

财政的农业项目补助资金,按两万元带动 1 户贫困户进行"捆绑"。财政投入的农业项目资金交由经营主体经营,并按经营主体 50%、农村集体经济组织 10%、贫困户 40% 划分股份,项目存续期为 5 年。每年按持股金额的 8% 实行固定分红,财政补助资金产生效益的 40% 用于贫困户和集体经济组织的效益分红。项目存续到期后,经营主体按股份原值返还给贫困户。

——基金收益扶贫:县上建立 1 亿元的资产收益扶贫专项基金,由县国有资产监管中心委托兴农担保公司具体负责管理。基金的申请对象为农民合作社及参与产业扶贫的各类企业。受益对象主要为全县的重点贫困户。

经营主体申请借用基金,按 5 万元带动 1 户重点贫困户进行"捆绑",基金借用时限最长为 5 年。收益由固定收益和效益收益构成,固定收益由经营主体按借用资金乘以同期银行贷款基准利率分配给重点贫困户;效益收益按资金产生效益的 40% 分配给重点贫困户,10% 用于基金管理机构的管理费用。基金借用到期后,经营主体按基金原值返还给基金管理机构。

——信贷收益扶贫:由县扶贫办与相关银行建立扶贫合作关系,在该行设立信贷风险补偿金专户。银行按照风险补偿金的 10 倍,向由贫困户组建的农民专业合作社或帮扶贫困户的经营主体发放无抵押无担保的扶贫信用贷款。

经营者按每 5 万元"捆绑" 1 户贫困户的额度申请贷款,在完成

对贫困户的分红后，由县扶贫办进行贴息。经营主体每年按贷款资金的 6%，对贫困户实行固定分红，同时，将贷款资金所产生效益的 40% 用于贫困户效益分红，10% 用于农民专业合作社效益分红。

——旅游收益扶贫：从今年起，由县财政每年安排 1 000 万元乡村旅游发展资金。此专项资金用于扶持乡村旅游业主，每"捆绑" 1 户贫困户按两万元进行补助。

"捆绑"带动贫困户的乡村旅游经营业主，每年按县里补助资金的 6%，对所带动的贫困户进行固定分红。同时，将补助资金产生收益的 40% 用于贫困户效益分红。

"这四种资金收益扶贫方式所'捆绑'的贫困户，都不参与经营管理，也不承担任何债务责任，只享受固定分红和效益分红。"石柱县扶贫办负责人说，因此，这让所"捆绑"的贫困户，在项目存续期内，每年都可获得上千甚至数千元的股份分红收入。

（3）扶贫与产业发展实现双赢

"数亿元的扶贫资金与贫困户的收益'捆绑'后，让上万户贫困户有了稳定的收益，还促进了石柱特色农业和乡村旅游等产业发展。"石柱县农委负责人说。

五岗金荞麦专业合作社理事长袁仁贵介绍，合作社在扩大生产规模，出现了周转资金短缺的难题，向银行申请贷款，抵押物又不足。正当合作社感到无助时，县里信贷收益扶贫启动，于是，合作社在湖海村与 130 户贫困户合作，新建了福海农业专业合作社和五欣生猪养殖合作社，并通过这两家合作社，分别获得了 320 万元和 330 万元的信贷收益扶贫资金，投入到种植和养殖中。

"这笔资金投入后，合作社的产业得以发展。"袁仁贵说，为了让 130 户贫困户"股东"能过上一个快乐年，在春节前，合作社提前兑现了部分固定分红款。

据石柱县扶贫办介绍，到目前，股权收益扶贫首批就有 270 个项目申报，经严格审查筛选，最后确定了 104 个产业项目，总共投入 5 600 万元产业扶贫资金，使 2 800 户贫困户从中获得股权收益。目前，第二批项目的申报也已开始。信贷收益扶贫中，县扶贫办首批投入 700 万元的风险金后，通过县农村商业银行等放大到 7 000 万元的扶贫贷款。基金收益扶贫中，已有 6 个养殖、种植项目申报。旅游收益扶贫中，已有 20 多家从事乡村旅游的业主申报。

"当这四种扶贫方式的资金全部投入到位后，基本上可以将全县 1.5 万多贫困户覆盖完。"石柱县扶贫办负责人说，"此外，贫困户在产业发展中也可将土地流转给经营主体，从而获得土地流转收入，并在这些产业打工获取工资收入。"

5. 常州武进区嘉泽镇跃进村：花木电商引进村 富民强村奔小康

江苏常州武进区嘉泽镇跃进村村域面积 2.5 平方公里，下辖村民小组 21 个，农户 736 户，总人口 1 860 人。目前农村居民人均可支配收入近 3 万元。但在几十年前，这里还是一个连自然村的村名都没有的地方，因为"文革"搞运动较为活跃，整天打斗荒废生产，号称"跃进村"。后来上级部门为了带动致富，在跃进村办种畜场，结果从德国进口的种羊，涉洋过海到了跃进村，一夜之间被村民偷去吃了。虽然跃进村位于全国较为发达的长三角，村里也想搞活经济，创办集体企业，却欠下巨债，使本来贫穷的村庄雪上加霜，人心涣散，三年换了三任书记。

自从 2000 年张建荣任村党总支书记后，村干部队伍才稳定下来，并且勇于改革，创新发展，走出了一条特色发展的强村富民之路。

（1）探索进行农村改革

2009 年以来，率先开展农村宅基地改革、积极推进农村土地节约集约利用，农业特色化、生产园区化、居住集中化，2012 年开始探索

落户于跃进村的江南花都产业园

美丽乡村嘉泽镇

开展农村土地"三权"分置改革，先后成立村级农地合作社、村级花木专业合作社、村级劳务合作社。积极培育农村创业致富带头人队伍，带动全村花木产销，促进农民就业创业，形成全民创业创新发展新格局，为加力扶贫开发、强村富民起到了良好的示范带动效应。

（2）开展创业服务培训

根据当地花木产业优势，全村多次举办花木经纪人培训班，依托农业电商协会、省市区政府官方培训活动、花木协会及园艺公司电商营销专家等创业教育培训平台，组织全村创业致富带头人（金牌花木经纪人）和大学生农民参加创业培训，增强花木营销创业创新理论，培训内容契合特色农业产销模式转型升级，满足现代新型农民创业发展的技术与信息支撑。

（3）培育特色经营机制

2012 年成立跃进村花木合作社，2016 年成立跃进村花木电商富民合作联社，经过数年发展，全村金牌花木经纪人暨创业导师团队人数达 30 多人，通过培育带动，现发展花木经纪人创客 500 多人，全村形成了花木专业规模化生产、线上线下市场专业营销模式，形成"基地＋经济人＋市场"生产经营机制。主要产业以特色花木为主导，全村土地流转率达 64%，全村农民创业率达 35% 以上，仅 2016 年，本村花木经纪人创客完成花木产品交易额 1.43 亿元，完成线上交易额 2 000 多万元，创客人均年销售 28.6 万元。

（4）开启大众创业模式

武进区新一轮建档立卡低收入农户收入标准为户人均年收入 10 000 元，比全省 6 000 元标准高，属于扶贫开发市定标准，全村建档立卡低收入农户共 17 户，其中 16 户为低保贫困户。通过创业带动，帮助这类农户家庭大中专毕业子女 20 多人参加花木电子商务营销和经纪人创业团队，平均每人创业增收 5.5 万元。另外通过建立村花木电商营销平台，将原村级花木专业合作社、农地股份合作社、村级劳

务合作社的全村 736 户农户全部纳入新成立的跃进村花木电商富民合作联社，由村党组织书记张建荣担任联社负责人，相关单体专业合作社主要负责人和部分花木经纪人创客导师分别履行联社相应岗位职责，将原来全村分散的十多个单体花木电商营销点重组整合，通过对建档立卡低保户及部分一般贫困户的土地统一流转、同时带动"40 后、50 后、60 后"人员参加联社的电商产品包装、花木基地劳务服务等合作，增加土地租金收益和就业工资收益。

（5）培育创业孵化基地

优化重组全村分散的十多个单体电商营销点，全部进场运营，由联社中花木合作社统一管理营销财务票据代理服务，由劳务合作社负责电商运营劳务派遣服务、由花木专业合作社组织交易花木产品的基地生产及货源组织调度，花木经纪人分工负责电商业务洽谈协作管理事务，全面构建"平台、团队、市场、生产、运营、管理"一体化电商运营保障体系。

通过组建村级花木专业合作社，规范花木营销秩序，建立完善花木营销财务制度，开展统一有偿财务代理服务管理，每年村集体增收 35 万元。创新建立村级花木电商富民合作联社，规范拓展全村花木产品电子商务营销模式，构建基地、市场、创客、农户融合发展、创业脱贫、合作共赢的发展格局。

第四章
国际案例

1. 日本：农协成为强竞争力市场主体

日本的农业协同组合（简称农协），是根据 1947 年日本国会通过的《农业协同组合法》，由单独的农户以自愿联合、自主经营、民主管理为原则而组建起来的群众性互助经济组织。其在组建和发展之初，得到了政府的大力扶持，同时也成为政府农业政策的忠实执行者。在鼎盛时期吸纳日本农户达 99% 以上，为推动日本农业现代化进程发挥了重要的支柱作用。20 世纪 90 年代以后，日本农协面临一系列生存和发展问题，如农业生产经营赤字、过度依赖信用和共济事业等，针对这些问题日本农协进行了积极有效的改革。

中国与日本在农业发展上十分相似，如人多地少、家庭经营为主等，使中国农业发展有了借鉴日本农业现代化和日本农协发展的现实可能性。

（1）半官半农的性质符合农业发展要求

相比第二、三产业，农业具有天然弱质性，因此，发达国家都在第二、三产业得到较高水平的发展之后，对农业采取一系列的扶持措施。这些向农业倾斜的扶持措施在一定程度上为三大产业均衡发展创造了有利条件。第二次世界大战后，日本政府的支农力度较大，且其支农政策和措施主要是通过对农协进行资金、政策和制度上的扶持来实现的，这样就使农协成为具备较强竞争力的市场主体。具体而言，日本政府对农协的支持和保护体现在，日本实施的粮食管理制度使农协在农业生产经营领域占据垄断地位且免受垄断法限制，在农业生产资料购置上进行财政补贴，对农副产品实行价格保护，并最终对提高农民组织化程度、推动农业现代化发挥了重要作用。

（2）综合服务的方式有利于农协发展壮大

日本的农业一直以家庭经营为主，日本农协作为一个庞大的为农民服务的组织网络，使分散的农户和大市场实现了有效衔接。日本综

日本大阪郊区的农田与住宅

合农协为农户提供的农资供应、技术指导、产品销售、信贷、保险等
业务为农户提供了"一条龙"服务，使农民无论在农业生产还是公共
生活中都有农协作为后盾，增强了其话语权，降低了生产和生活成本。
因此，广大农民对农协的认可度很高，农协在日本社会的品牌效应也
得以最大化，这为农协的发展壮大提供了强有力的支撑。

（3）动态的经营体制是农协持续发展的保障

　　动态的经营体制要求农协的组织机构、经营模式等都应根据现实
情况进行适当调整甚至重大变革。日本农协在其发展过程中也经历了
组织体系的变革和经营模式的调整，如三级体系变革为两级体系，基
层农协大规模合并，经营范围扩大至保险、信用领域等。伴随国际和
国内政治、经济环境的变化，农协机构的破产、合并有利于减少农协
人力成本，增强农协的服务和竞争意识，经营模式的转变有利于增强
农协自身竞争力。因此，建立动态的经营体制也是日本农协持续发展
的重要保障。

2. 韩国：新村运动全民共建"安乐窝"

韩国国土面积 100 120 平方千米，2015 年底人口 5 060 万人，人均 GDP 超过 28 000 美元。2009 年数据显示，韩国农村家庭户数 120 万户，国家老龄化指数（老年人口与儿童比例）并不高，但城乡老龄化指数差别较大，分别为 36.7% 和 108.2%，农村人口老龄化明显。

韩国的"新村运动"是一次全国性的社会运动，通过政府强有力的领导和居民的自主参与，引领国民精神和国家经济实现了飞跃。即便 40 多年后的今天，再次去回顾和探究韩国的新村运动和新村精神，仍然具有重要的学术意义和政策价值。

二战后的韩国是世界上较为落后的贫困国家之一。1970 年朴正熙总统启动了以勤勉、自立和互助精神为核心的新村运动。目的是动员农民共同建设"安乐窝"，政府向全国所有 3.3 万个行政村和居民区无偿提供水泥，用以修房、修路等基础设施建设。政府又筛选出 1.6 万个村庄作为"新村运动"样板，带动全国农民主动创造美好家园。"新村运动"在短短几年时间改变了农村破旧落后的面貌，并让农民尝到了甜头，"新村运动"由此逐步演变为自发的运动。新村运动初始阶段是均分措施；第二阶段采取了竞争性的遴选机制，选择优秀的村庄予以资助，从而激发了村民们的竞争意识，使得新村运动得以有了自下而上的动力。

关注韩国的新村运动，还要把握政府在新村运动进程中所发挥的强有力的领导作用。首先是政府意图改变农村面貌的坚强意志；其次，政府重视新村领导人的培训和教育工作，定期组织研修，邀请专家讲学等，不仅传授农业生产技能，也传授领导艺术；再次，新村运动的基层组织单位是村庄，或者说是农村社区，村庄中社会组织的协同作用，使得新村运动可以顺利开展。

新村运动不仅实现了农村的现代化，也振奋了国民精神，甚至于有人称之为"韩国模式的农村现代化道路"。新村运动是在农村社会结构及传统价值观的基础上的全民参与行动,其本质是以"传统价值观"和"现代意识"来引领国家的现代化之路。

韩国新村运动的特点可以概括如下:以村庄为单位,政府展开体系化支援,财政投入少,通过物质文明建设带动精神文明建设,是政府主导的自上而下与自下而上相结合的社会运动,是具有里程碑意义的、最重要的乡村建设实践。

3. 德国:"城乡等值战略"提升乡村可持续发展

二战后德国的城市发展很快,吸引乡村大量的年轻人进城打工,乡村陷入衰败之中。德国实施城乡等值战略,提出无论生活在城市与乡村,享受到的公共服务应该是一样的,城市有的,农村都应该有。其中以巴伐利亚州为例(后续简称巴州)。

巴州制订了《城乡空间发展规划》,规划将"城乡等值化"确定为区域空间发展和国土规划的战略目标,从法律上明确了这一发展理念。该目标要求城乡居民具有相同的生活条件、工作条件、交通条件,保持和建立同等的公共服务,保护水、空气、土地等自然资源。通过空间发展规划,统一相同的公用设施、劳动就业、居住等条件,落实城乡协调发展理念。

其中土地综合整治对战后经济恢复及农村地区的发展起着举足轻重的作用,根据其实践内容可分为以下四个阶段:

(1)提高农业生产力,建设基础设施(1950—1975 年)

二战后德国缺衣少粮,当时社会和经济发展的主要目标是提高粮食产量,保障人们的基本生存需求。

但是当时的土地综合整治规划是基于单个专项规划加之长官意志

俯瞰莱茵河与周边的农田

决定的，各规划之间缺乏衔接。本阶段的村庄改造过于强调农村的经济功能，一味追求效率最大化，导致农村地区很多村庄建筑密度增大、交通拥挤杂乱、土地开发过度、土地使用矛盾加剧，破坏了很多传统村庄的原有肌理和风貌。

（2）建立法律、资金保障，引入景观规划（1976—1992 年）

1984 年，巴州在联邦德国《乡村土地整理法》中关于村庄更新的内容基础上，制定出《村庄改造条例》，明确提出村庄未来发展蓝图，指出土地综合整治的最终目标是实现村庄的居住、就业、休闲、教育和生活五项功能。

（3）引入公众参与机制，提升项目决策的科学性与公共性（1993—2004 年）

公众参与是通过一系列的正规及非正规的机制直接使公众介入决策。在乡村土地综合整治中引入公众参与理念的目的是更多考虑公众多元性，变传统的物质规划为人本规划。巴州政府先后组建三所农村发展培训学校，对申请村庄更新项目的乡镇领导和村民代表，进行旨在提高公众参与意识和能力的培训，使村民认知村庄改造目标、内容和意义，增强其对家乡发展规划的认同感和责任感。巴州的土地综合整治在保障了村民的知情权、话语权和参与权的基础上促进了农村地区发展的可持续性。乡村土地综合整治项目决策时不能完全遵循功利主义的"成本—收益"模型，而是以公共利益为本，具有公共服务的属性。政府作为"经济人"在参与公共决策时常常带有自私的动机，并非永远代表公共利益，从而造成政府决策失效和决策失误，甚至贪污腐化。公众参与决策可以最大限度地避免这种状况。

(4) 扩大村庄土地综合整治项目区规模，提高乡镇竞争力（2005年至今）

由于巴州人口自然增长率下降，很多农村地区面临严重的发展潜力不足问题，加之油价的上涨，使一部分乡村居民因承受不住较高的通勤成本而陆续搬回到城市居住。收入的减少会降低低价土地区位（乡村地区）的相对吸引力，使人们不愿长距离通勤去拥有高费用的城郊大面积地块。另外受美国金融危机的影响，巴州的经济环境受到很大冲击，尤其是很多农村地区的中小企业发展面临严峻挑战。种种因素给村庄发展提出新的课题，只有扩大土地综合整治项目区规模，跨村庄合作发展，以乡镇为单位，制定符合各地特点的产业发展方向和土地利用规划，提高乡镇竞争力，才能促进地方区域经济发展。

从战后巴州土地综合整治项目的发展趋势来看，其重心是从单纯的以调整农业为目的演化为乡村地区更加有效的土地多重利用，从"自上而下""长官决定"的规划转变为"自下而上""公众参与"的规划体系，在促进"三农"发展的同时，保护了乡村文化和传统景观，延续了当地的地域特征和历史特征，实现乡村地区的综合发展。

4. 美国与日本：发展 CSA 以社区支持农业

"社区支持农业"（CSA）的定义是一群消费者共同支持农场运作的生产模式，消费者提前支付预订款，农场向其供应安全的农产品，从而实现生产者和消费者风险共担、利益共享的合作形式，即社区支持农业试图在农民和消费者之间创立一个直接联系的纽带，它最大的目标就是满足消费者的食物需求和保护小农场的发展，同时具有社会、经济、景观、生态等多方面功能。

CSA 起源于 1965 年的日本。20 世纪 50 年代后期，日本因发生"水俣病"事件而引起全民对于环境和食品的恐慌，安全健康的食品成为人们迫切需求，同时日本与国外农业贸易的失衡也影响着其食品供应，当时市场所谓的有机食品没有统一客观的认证体系而且供求也不平衡，这样就促使了消费者和生产者开始直接合作，通过与农民签订合同、义务劳动支付预付款等方式鼓励农民生产有机产品，如牛奶和蔬菜等，并得到相应的产品配额。该模式倡导的有机农业与可持续农业使人们更加注重地方的生态环境和永续发展，对日本有机农业运动起到巨大推动作用，同时这种社会支持农业的形式也逐渐影响到欧美，20 世纪 70 年代在欧洲出现，80 年代传到美国。

社区支持农业在美国尽管兴起较晚，但是两国相比，日本的社区农业主要强调食品安全、环境友好和产销经营模式；而美国社区农业在此之外，更注重背后的社会功能和价值选择，如社区活动、民主决策、消除社会偏见和对全球化的反思以及对生态伦理的推崇。这种模式迎合了广大民众的心理，尽管不像有机认证有权威部门为其颁发资格证书，人们仍旧投以热情，给以人力、财力支持并乐此不疲，CSA 因此成为很多人日常生活的重要内容。

美国第一个登记的农场于 1985 年出现在马萨诸塞州，发起人试图以此来弥补主流食品供销体系的不足。后来，CSA 作为可持续农业运动的一部分，在美国从东部向西部得以迅速推广。

基于两国的发展经验，CSA 的借鉴价值包括如下几点：

（1）CSA 可以很好地维护农民的经济利益

通过加入社区支持农业，农民的新鲜农产品可以直接在当地被买家收购，降低了小农户在全球化市场条件下的被动性，农民不必担心价格大幅波动对自己生活和生产的影响，农产品有了稳定的市场，农民有了收入保障。

（2）CSA 可以满足消费者对食品安全的迫切需求

食品安全是人们最为关心的日常话题之一，而在社区支持农业中，消费者可以跟生产者直接进行沟通，从而降低了生产者对化肥、农药、除草剂、添加剂等化学品以及对包装的依赖，确保了生产环境、生产方法及产品的安全，建立了城乡食品"绿色"通道，让消费者吃了定心丸。

（3）CSA 中生产者和消费者开展频繁的互动和沟通，促进了市民和农民的交流

CSA 使得生产者同城市社区成员之间的联系更加密切，强化其服务意识和对自身价值的认同；有助于增强消费者对当地农耕文化的认识和对劳动者的尊敬，更加珍惜劳动果实，同时也有助于革新其消费观念。

（4）有助于提高环境质量和生产品质

多数 CSA 采用有机生产，对于施肥和害虫防治等都有严格规定和限制，有利于保护环境，促进人们的健康；因采用有机生产而相对于常规生产造成的经济损失，可以得到消费方的资金支持和补偿，在这个意义上，选择有机产品的同时也是在为环境保护做贡献；同时有机产品的差异化定位，也促进了农产品功能的多样化。

（5）有助于实现社会公正和社区发展

农民以其优质的服务和产品，得到社区消费者的相应回报；城乡

共享健康食品和美好环境；通过协商可把过剩的农产品捐献给食物银行、救济会等社会公益组织，也促进了社会福利事业的发展；为社区提供生态和农业文化教育；增加当地的就业机会，充分利用了当地闲散劳动力，并为城市社区的年轻人提供了广阔的锻炼机会。

此外，加入 CSA，使人们返璞归真，近距离接触土地和绿色，放松身心，感恩自然和传承农耕文化，播种希望、辛勤培育并饱尝丰收的喜悦。总之，CSA 具有多种功能，人们收获的不仅仅是食品。当然，任何事物都有两面性，中国借鉴学习时要根据中国国情辩证吸收。

5. 新西兰：合作社体制做大做强乳业

新西兰偏处南太平洋，人口 450 万，国土面积只有 27 万平方千米。这么一个小小的国家却是世界最大的乳制品出口国，乳制品出口总量占全世界出口总量的 1/3。带来巨额外汇收入的乳制品产业也被人们誉为新西兰的"白金产业"。

这离不开新西兰的自然条件。但除了得天独厚的自然条件和资源以外，真正让新西兰乳制品独步天下的是新西兰高度一体化的合作社式的经营模式，这个拥有 100 多年的合作社体制功不可没。

位于新西兰畜牧业基地汉密尔顿的塔图瓦公司，是历史悠久的乳业合作社。100 多年前塔图瓦成立的时候，新西兰的畜牧业很落后，个体牧民养殖牛羊数量少，市场竞争无序。为了协调市场、共同抵御自然灾害、共享信息和养殖技术，畜牧业合作社应运而生。

为了提高国际竞争力，新西兰政府成立了奶业合作社龙头企业——方塔拉公司，进一步减少奶制品生产流通环节。同时保留个别小合作社，避免市场垄断。

合作社经济已成为新西兰现代农业的典型形态。新西兰的农业合作社有这样几类：

（1）生产合作社

为农场主所拥有，合作社按合同从农场主手中收购农产品，主要存在于种植业、制奶业、渔业等行业。

（2）市场合作社

为农场主所拥有，一般在水果和蔬菜行业中较普遍，主要面向市场，从事分类、分级、包装、运输和销售等工作。

（3）供销合作社

出自产品流通环节，专门与买主和加工商谈判，以帮助农场主获得更好的价格，同时获得流通利润。

（4）服务合作社

主要从事农业服务，为生产者提供各类信息咨询服务以及为农业人员提供信贷、保险、住房服务。

新西兰农业合作社有以下新的特点：

（1）**合作社业务领域不断扩大，服务范围不断拓展，专业化程度日益提高**

合作社既是为社员谋福利的企业组织，也是政府与农民及其合作组的沟通桥梁。

（2）**合作社横向合作日益增强，形成规划经营**

方塔拉集团是世界第四大乳业公司，在国际乳制品贸易中占了1/3 的市场份额。目前作为全国性的合作社，其股东是全国 94% 的奶农，拥有 400 万头奶牛。

（3）**合作社保护了个体农民的利益，对弱势生产者起到了一定保护作用**

（4）**政府对合作社间接调控**

新西兰农业合作社组织已有 100 多年的发展历史，但始终没有专门、统一的针对合作社的法律。政府对合作社的管理方法是通过经济立法和制定某些政策框架来指导调节其行为，同时通过农业税收和补贴政策来调整合作社的发展方向。

　　这种合作社还有很多，这些由牧场主、乳制品加工商、销售组织等共同参与管理和分配的乳业共同体一般有 3 个层级：最低一级是农场主，上面一级是奶农合作社，最上面一级是乳业委员会。农场主拥有合作社股份，合作社又拥有乳业委员会股份。农场主把生产出来的牛奶卖给合作社，合作社又把奶卖给乳业委员会，乳业委员会通过全球营销网络把这些乳制品销往海外。加工企业一旦从乳业委员会得到销售收入，就按照奶农向公司提供的牛奶固形物的多少把钱支付给奶农。这种付款制度鼓励奶农增加牛奶产量。这也是为什么合作社能一直持续 100 多年的原因。

6. 英国：节庆活动提升田园乡村活力

　　科茨沃尔德（Cotswolds）拥有美丽的乡村田园风光。中世纪时，这一地区是英国羊毛贸易重镇的集中地，因羊毛贸易聚集的财富而繁荣和富庶。所以，科茨沃尔德地区的农村基础设施、庄园的建造工艺、田园的精致程度，都远超英国的其他地区，而且当地善于利用节庆活动提升乡村活力：

　　（1）自然景观

　　来到这里，你会看到甜蜜温馨的乡村，熙来攘往的集镇，古典的英伦丘陵风景，干石墙、牧羊群和湖泊，薰衣草花海和向日葵田，处处都散发出英伦田园乡村的独特魅力。最大的动植物公园，占地 160 英亩，包含各种类别动植物，并且融入了教育理念，是较受游客欢迎的景点之一。

　　（2）人文景观

　　科茨沃尔德有各种类型的博物馆，如羊毛加工博物馆、动植物博物馆、美术博物馆等，详细生动地向游人展示了该地的历史和文化艺

英国乡村

术。科茨沃尔德散落着 200 多个小庄园。在淡雅宁静的氛围中，蜂蜜色的房子一座接着一座，伴着门前的绿草和窗口的鲜花不断映入眼帘，堆砌出一片优美的田园乡村风光。

(3) 历史遗迹

世界著名的史前建筑遗迹巨石阵就位于科茨沃尔德地区，已被列为世界文化遗产，每年都吸引百万人从世界各地慕名前来参观。

(4) 淡雅从容的乡村客栈

住宿餐饮多由农场、渔场及特色庄园提供，建筑风格古朴华丽，干净的门窗和白色窗帘带着英伦味道，食物烹调采用传统的英式烹饪方法。典型代表有：多恩老农场，这家农场既是农场旅店，也是一家农产品商店，商品不是自家产的就是购自附近的其他农场，健康新鲜。建筑历史可以追溯到 15 世纪，提供英式美食。沉浸其中可以享受到这种简单而又纯粹的快乐。

(5) 节庆活动

一年一度的科茨沃尔德奥林匹克运动会在每年春季河岸假日后的星期五举行，已有 400 年的历史。由于比赛项目独特有趣，十分受英格兰人的欢迎。运动会有套袋跑比赛，独轮手推车比赛，运水接力赛，踢腿比赛等。不同城镇几乎每个月都有专属的特别活动，像中世纪古装骑士、花展、空中表演、追芝士等，都是十分有趣的活动，每次都会引来无数人参加和观看。

7. 法国：普罗旺斯的"四化"发展

法国南部地中海沿岸的普罗旺斯不仅是法国最美丽的乡村度假胜地，更吸引来自世界各地的度假人群，到此感受法国乡村的恬静氛围。彼得·梅尔的《重返普罗旺斯》一书中介绍道，"普罗旺斯作为一种生活方式的代名词，已经和香榭丽舍一样成为法国最令人神往的目的地"，它几乎是所有人"逃离都市、享受慵懒"的梦想之地。

普罗旺斯的旅游形象定位是薰衣草之乡，功能定位是农业观光旅游目的地。旅游核心项目及旅游产品是田园风光观光游、葡萄酒酒坊体验游、香水作坊体验游。在业态方面设置了家庭旅馆、艺术中心、特色手工艺品商铺、香水香皂手工艺作坊、葡萄酒酿造作坊。

(1) 凸显特色化——立足本土，魅力独具

特色乡土植物——薰衣草几乎成为普罗旺斯的代名词，在普罗旺斯不仅可以看到遍地薰衣草紫色花海翻腾迷人的画面，而且在住家也常见各式各样的薰衣草香包、香袋，商店也摆满由薰衣草制成的各种制品，像薰衣草香精油、香水、香皂、蜡烛等，药房与市集中贩卖着分袋包装好的薰衣草花草茶。而薰衣草花海同时也赋予了普罗旺斯浪漫的色彩，使其成为世界最令人向往的度假地之一。

(2) 农业产业化——游客体验，乐在其中

法国普罗旺斯

在法国农村的葡萄园和酿酒作坊，游客不仅可以参观和参与酿造葡萄酒的全过程，而且还可以在作坊里品尝，并可以将自己酿好的酒带走，其乐趣当然与在商场购物不一样。同样，游客在田间观赏薰衣草等农业景观的同时，还可以到作坊中参观和参与香水、香皂制作的全过程。

（3）生产景观化——有机结合，增加业态

运用生态学、系统科学、环境美学和景观设计学原理，将农业生产与生态农业建设以及旅游休闲观光有机结合起来，建立集科研、生产、加工、商贸、观光、娱乐、文化、度假、健身等多功能于一体的旅游区。

（4）活动多元化——大众参与，感悟乡村

旅游活动多样化，真实体现乡村生活，增加乡村旅游的大众参与度。庄园游、酒庄游等乡村旅游都可以让游客体会到真正的乡村生活，这得益于旅游区开展的项目丰富多彩，集中体现了乡村地区居民的生活特征。因此，在开发过程中要力求旅游产品的多元化。

　　(5) 节庆多样化——节庆举办

　　特色凸显普罗旺斯地区的活动之多，更是令人目不暇接，几乎每个月都有两至三个大型节庆举办，从年初2月的蒙顿柠檬节到7～8月的亚维农艺术节，从欧洪吉的歌剧节到8月普罗旺斯山区的薰衣草节，四时呼应着无拘无束的岁月，更吸引着来自世界各地的度假游客。

8. 菲律宾：玛雅农场造就循环经济

　　菲律宾是东南亚地区开展生态农业建设起步较早、发展较快的国家之一，其中以玛雅农场最具有代表性。玛雅农场位于菲律宾首都马尼拉附近，从20世纪70年代开始，经过十年建设，农场的农林牧副渔生产形成了一个良性循环的农业生态系统。玛雅农场的前身是一个面粉厂，经营者为了充分利用面粉厂产生的大量麸皮，建立了养畜场和鱼塘；为了增加农场的收入，建立了肉食加工和罐头制造厂。随着农场的发展，经营主开拓了一块24公顷的丘陵地，扩大了生产规模，取名为玛雅农场。

　　为了控制粪肥污染和循环利用各种废弃物，玛雅农场陆续建立起十几个沼气生产车间，每天产生沼气十几万立方米，提供了农场生产和家庭生活所需要的能源。另外，从产气后的沼渣中，还可回收一些牲畜饲料，其余用做有机肥料。产气后的沼液经藻类氧化塘处理后，送入水塘养鱼养鸭，最后再取塘水、塘泥去肥田。农田生产的粮食又送面粉厂加工，进入又一次循环。

　　像这样一个大规模农工联合生产企业，不用从外部购买原料、燃料、肥料，却能保持高额利润，而且没有废气、废水和废渣的污染。这样的生产过程由于符合生态学原理，合理地利用了资源，实现了生物物质的充分循环利用。

9. 德国：草莓种植变身为儿童体验农庄

德国草莓主题儿童体验农庄，坐落在波罗的海沿岸的 Purkshof 小镇，占地 0.08 平方千米，1921 年由老祖父卡尔斯创立，经过三代人的努力，已经发展成波罗的海沿岸的大型连锁体验型草莓农庄，完成了从一产到三产的完美结合，目前已有 5 个连锁农庄，2 个主题咖啡店，300 多个草莓屋销售点。它可谓德国休闲农业鼻祖，是德国最成功的儿童体验农庄模式。

卡尔斯草莓庄园是包括草莓超市、水上陆地游乐园、攀岩架、小动物园、采摘园、水族馆等的大型体验乐园，几乎所有娱乐设施都是免费的。主要盈利来自采摘草莓、品天然草莓、草莓产品销售等草莓相关领域。

草莓超市是有关草莓产品的大型超市，几乎所有产品都由农庄亲自制作。更重要的是很多实物都提供品尝，给客人以直观的感受。草莓的衍生品更是数不胜数，有高度酒、果啤、饮料、果汁、草莓咖啡、巧克力、护手霜等。游客甚至可以亲手制作各种果酱、巧克力。

除了制作和品尝关于草莓的各类食物以外，还有各种游玩区域，如滑梯、踩气球、踩音符、采摘区、小型动物园等一系列的围绕草莓开展的延续性产品。

10. 美国：立体发展成就综合性农业旅游区

美国市民农园采用农场与社区互助的组织形式，参与市民农园的居民与农园的农民共同分担成本、风险和盈利。农园尽最大努力为市民提供安全、新鲜、高品质且低于市场零售价格的农产品，市民为农园提供固定的销售渠道，双方互利共赢，在农产品生产与消费之间架起一座连通的桥梁。

Fresno country 省位于美国加利福尼亚州，面积 1.56 平方千米，其中 87% 的面积为城市，13% 为农村。它是世界著名的农业大省，年农业产值高达 56 亿元。Fresno 农业旅游区由 Fresno city 东南部的农业生产区及休闲观光农业区构成。区内有美国重要的葡萄种植园及产业基地，以及广受都市家庭欢迎的赏花径、水果集市、薰衣草种植园等。它采用"综合服务镇 + 农业特色镇 + 主题旅游线"的立体架构，综合服务镇交通区位优势突出，商业配套完善；农业特色镇打造优势农业的规模化种植平台，产旅销相互促进；重要景点类型全面，功能各有侧重。

Fresno 农场到处是美丽的葡萄园、橘子果园，还有各种棉花、玉米等农作物地，充分依托资源和生态环境共同发展休闲农业、综合服务业和生态度假业，已经发展成为独具特色的现代农业社区。该农场不同于一般农场单一独立的农业生活模式，它具有完善的配套设施餐厅、便利店、Rose Motel 汽车旅馆和 Town House 汽车旅馆，并且涵盖各种节日，如 Selma 葡萄干节与嘉年华中的巧克力干果大卖场、野餐、艺术街角、音乐表演，Kingsburg 瑞典节中的马术表演、老车游行、手工艺比赛、民族舞蹈等，内容丰富多彩，是一处综合性农场的典型案例。

后记

　　我小时候生活在农村，那是一个再普通不过的北方村落。

　　我至今仍清晰记得，夏天的夜晚睡在院子里的凉席上，与爷爷一起数星星；院子边是一条河沟，清澈见底，冬天砸开冰面就能吃冰块；村中有一口老井，至今还能回味起那井水的甘甜；院子里还有一棵大枣树，几个人都搂不过来，与今天的冬枣相比，那枣的品种不够脆也不够甜，但枣树下却是我孩童时代所有的记忆……

　　40年来，我每年都要回到故乡，目睹着小村的变迁：先是枣树被砍了；再是老井被填埋，原井口的地面上用碎砖垒成矮墙，再竖些柴火，成了一个简易厕所；河沟越来越浅了，夏天遇雨存水经常变成绿藻池，冬天干涸则成了垃圾沟；天空数星星早成奢望，农田上空笼罩着的是或重或轻的雾霾；村里老人讨论的，是种的庄稼为啥扔到沟里都没人要，壮劳力讨论的，是去哪里打工才更划算。

　　当然，好的迹象也不断显现。村里的垃圾设备越来越健全，乡间交通越来越便利，往来汽车越来越多，年轻人结婚建的二层小楼也越来越漂亮。

　　乡愁，真是说不清道不明的五味杂陈。

　　每每回到那片土地，我都想伸出手去拉她一把，推她一把。可随之而来的，是巨大的无力感。农业、农村、农民，乡村生活、乡村治理、乡风文明等等，问题之多、症结之深、体系之复杂、工具之匮乏，让我只能选择沉默无语。

　　谁来拯救我的乡村？

　　这些年因为工作关系，我走访过国内大量地区，也目睹了无数中国乡村之现状。我的乡村并不是孤例，大量乡村都陷入乡"愁"困境。

谁来拯救我们的乡村？

多年来，农村与城市，农业与工业，农民与城里人，都无法做到事实上的公平。城市与工业的发展，以牺牲乡村为代价，甚至抽走了本应附着于乡村的土地、人力、资金。回不去的故乡，成了中国发展之痛。

庆幸的是，我们正在一天天醒来。从官方到民间，从城市到乡村，越来越多的共识开始形成：让农业农村得到优先发展；让城市与乡村融合发展；让乡村扶贫、产业、生态、乡风、治理等实现全面发展。党的十九大正式提出的"乡村振兴战略"，正是诸多共识的凝聚与提炼，也代表着全社会的殷殷期盼。

乡村振兴战略是一个复杂的体系。在这个战略思维下，城市发展、乡村发展、城乡关系、一二三产之间的关系都需要重构。这对于各级政府来说，既是一次发展的新机遇，也将面临诸多现实课题的新挑战。

城脉团队致力于为中国区域经济尤其是县域经济发展提供顶层咨询、整合营销和产业对接服务。团队成员已完成40多个地方政府的各类服务项目。乡村振兴是城脉的重要服务方向，为各地的乡村振兴提供有效解决方案，是我们的使命之一。

同时，城脉作为中国市长协会全媒体平台的运营主体、中国市长协会小城市（镇）发展专业委员会副主任单位，亦有责任为各地政府提供优质服务。"乡村振兴战略"甫一提出，我们即确定要出版这本《解码乡村振兴》图书，旨在为基层决策者提供专家解读、热点释疑、国内外案例等，使之成为最深刻、最权威、最及时，也是最实用的乡村振兴工作指南之一。

我们还专门发起成立了聚焦乡村振兴的"阡陌智库"，

旨在通过公益讲堂、调研咨询、图书及决策报告出版、文旅文创研究等系列项目，问道乡野，聚集能量，成为中国乡村振兴加速器。

感谢中国市长协会各位领导，在百忙之中高度关注和支持本书的编撰与发布；

感谢"三农"概念的首倡者、著名"三农"问题专家温铁军教授接受我们的专访，文章以代序的方式，深刻剖析了中国乡村社会变迁的时空条件与宏观背景；

感谢中国社会科学院农业发展研究所魏后凯所长，为我们分析了中国乡村发展历程、乡村振兴中的"善治"与"三块地改革"等问题；

感谢中国社会科学院财经战略研究院互联网经济研究室李勇坚主任，针对乡村振兴的重要工具——互联网的使用，提供了他多年研究的智慧；

感谢曾任地方政府负责人的路锦先生，结合大量实践经验，为我们提供了可资借鉴的实操心得；

感谢阡陌智库、城脉研究院的同事们，加班加点，组织基层调研、约访专家、整理资料，终于如期完成这本书稿；

当然，还要特别致谢中国农业出版社的领导，正是有了你们对本书的大力帮助，本书才得以高质量地顺利出版。

希望这部仓促之作，能为关注乡村振兴的人士尤其是基层政府决策者提供一些帮助。鉴于"乡村振兴战略"还是一个新概念，需要中央和地方更多政策推进，也需要更多理论和实践来探索，所以本书的部分解读和讨论可能存在肤浅或可商榷之处，欢迎社会各界人士与我们联系，多提宝贵意见，供今后再版时参考。

解码乡村振兴
JIEMA XIANGCUN ZHENXING

蒋晨明

2018 年元月